三次元原子宇宙

3D Atomic Universe

CD-ROM

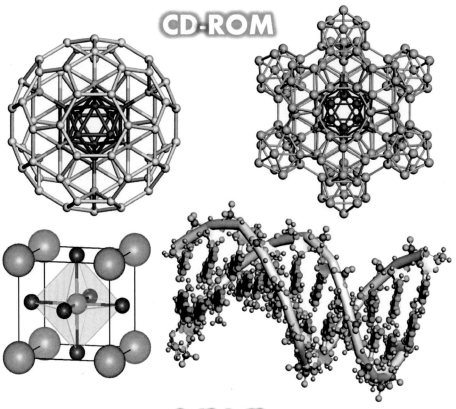

奥 健夫 著

三恵社

はじめに

　原子の宇宙世界を見ていると、あるものは美しく、あるものは摩訶不思議な形をしている。その「神秘的な原子の宇宙世界」を、直接体験しよう！が本書の目的である。「百聞は一見に如かず」であるが、さらに「百見は一触に如かず」である。実際にパソコン上で、原子の世界をいじってみると、多くのことがわかってくるだろう。

　われわれの周囲のものは、すべて原子からできている。原子の種類とならび方が違うだけで、テレビになったり、パソコンになったり、自動車になったりしている。もちろん読者のみなさんも著者自身も、原子がある法則のもとで並んでいるのである。

　本書では、最初に原子とは何だろう？というところから、原子がどのように生まれたのか、そしてどのようにして身の回りのものができているのか、ナノテクノロジー最先端の分野から生命体まで、原子がどのようにならんでいるのか、などについて述べた。読者の興味のあるところから読んでもらえればいい。

　そして興味をもった原子配列があれば、実際にパソコンで開いて、画面上でバーチャルに、原子の宇宙世界を体験してみよう。本書に掲載した原子のモデルは、すべてCD-ROMの中に入っている。フリーソフトウェアで、自分で好きなように原子をとったりつけたりして、「三次元原子宇宙」を楽しく遊んでほしい。

　この原子の宇宙世界では、毎年のようにノーベル賞もでているし、これからも新たに多くのノーベル賞が出てくるだろう。

　本書で述べたソフトウェア、Discovery Studio Visualizer は、アメリカのAccelrys Inc.社のご好意によるものである。多くの方々に原子宇宙を楽しんでいただくために、このソフトウェアを無償で提供してくださった、同社に深く感謝申し上げる。

　本書に紹介させていただいた内容の一部は、東北大学 平賀賢二名誉教授、進藤大輔教授、青柳英二技術員、平林眞名誉教授、庄野安彦名誉教授、スウェーデン・ルンド大学 Jan-Olov Bovin教授、岩手医科大学 中島理教授、東北福祉大学 菊地昌枝教授、ドイツ・マックスプランク研究所 Martin Jansen教授、理化学研究所 東以和美博士、物質材料研究機構 田中高穂博士、大阪大学産業科学研究所 成田一人博士、小井成弘氏、西脇篤史氏、平野孝典氏、久野昌樹氏、北原秀彦氏、中山忠親博士、菅沼克昭教授、新原晧一教授、国際超電導産業技術研究センター 山本文子博士、京都大学 村上正紀教授、日本重化学工業 松田敏紹氏、東北大学工学研究科 畠山力三教授、滋賀県立大学 図師將仁氏、元吉良輔氏、角田成明氏、永田昭彦氏、北

1

尾匠矢氏、鈴木厚志助教、英国・ケンブリッジ大学キャベンディッシュ研究所 ブライアン・D・ジョセフソン教授、他にも数多くの方々との共同研究であり、ここに深く感謝する次第である。

2018年3月　奥 健夫

目次

- はじめに ……………………………………… 1
- 目次 …………………………………………… 3
- 周期律表と原子量 …………………………… 8
- 定数表 ………………………………………… 8

序章　付属CD-ROMの使い方

- 3次元原子配列を自分で動かす楽しみ ……… 10
- CD-ROMの中身 ……………………………… 10
- データをパソコンへうつす ………………… 10
- フリーソフトウェアのインストール方法 … 11
- ソフトウェアのスタート …………………… 12
- 基本メニュー ………………………………… 13
- モデルの動かし方 …………………………… 14
- 表示方法 ……………………………………… 14
- 周期的な結晶の構造ファイル ……………… 15
- DNAの構造ファイル ………………………… 16
- モデルの立体感 ……………………………… 16
- モデルの動画 ………………………………… 17
- 構造ファイルのデータベース ……………… 17
- 電子状態－分子軌道計算 …………………… 18

第1章　原子と宇宙の誕生

- ナノワールド ………………………………… 20
- 電子と原子核 ………………………………… 20
- クォークとレプトン ………………………… 21
- 万物の究極理論 ……………………………… 22
- 宇宙の始まりから原子の誕生へ …………… 23
- 宇宙はひとつ ………………………………… 24
- 光の物質化 …………………………………… 25
- 量子の世界 …………………………………… 26
- 観測問題と非局在性 ………………………… 26

第2章　ナノワールドを見てみよう

- 原子・分子・クラスター・結晶 …………… 30

- 炭素のさまざまな構造 …………………………………… 30
- ナノワールドを見る電子顕微鏡 ………………………… 31
- 原子が見える ……………………………………………… 32
- 3次元構造を見るには？ ………………………………… 33

第3章　情報材料

- CDからDVDへ―情報時代 ……………………………… 36
- ニオブ酸リチウム―ホログラフィックメモリ ………… 36
- 酸化鉄―磁性体 …………………………………………… 38
- 量子情報材料 ……………………………………………… 39

第4章　エネルギー材料

- 太陽光発電―次世代エネルギーの鍵 …………………… 42
- 酸化チタン―色素増感太陽電池 ………………………… 43
- 酸化チタン―光触媒 ……………………………………… 43
- フォトニックフラクタル―光を保存！？ ……………… 44
- ジルコニア―宝石から燃料電池まで …………………… 45
- ゼオライト―ナノ空孔からガソリンを ………………… 47
- 身の回りのホウ素―植物から原子炉まで ……………… 49
- ホウ素の正20面体構造 …………………………………… 49
- スーパー正20面体 ………………………………………… 51
- 炭化ホウ素―原子炉の制御 ……………………………… 53
- パラジウム―水素吸蔵 …………………………………… 53
- 銅酸化物―光電変換材料 ………………………………… 54
- ペロブスカイト系太陽電池材料 ………………………… 55
- リチウムイオン電池 ……………………………………… 56

第5章　超伝導体

- 超伝導とは何か …………………………………………… 58
- 超伝導の発見とノーベル賞 ……………………………… 58
- 高温超伝導酸化物の発見 ………………………………… 58
- 高温超伝導酸化物の特徴 ………………………………… 59
- 代表的な超伝導酸化物 …………………………………… 60
- 超伝導のメカニズム ……………………………………… 61
- タリウム系超伝導酸化物の積層構造 …………………… 62
- 超伝導デバイス …………………………………………… 64

- 表面・界面の原子配列 ……………………………………… 65
- 二ホウ化マグネシウム－古くて新しい物質 ………………… 67
- シリコンクラスレート－かご構造 …………………………… 68

第6章　半導体

- エネルギー問題と太陽光発電 ………………………………… 70
- 半導体とは ……………………………………………………… 70
- シリコンとゲルマニウム ……………………………………… 71
- 光のエネルギーと波長 ………………………………………… 72
- シリコン・ナノ構造の発光 …………………………………… 73
- 量子サイズ効果と量子閉じ込め効果 ………………………… 74
- シリコン・ゲルマニウムナノ粒子 …………………………… 75
- 単一電子デバイス ……………………………………………… 76
- ガリウムヒ素－電子デバイス ………………………………… 76
- 窒化ガリウム－青色発光デバイス …………………………… 78
- 炭化ケイ素－耐環境デバイス ………………………………… 79
- 酸化亜鉛－さまざまな応用 …………………………………… 80
- 導電性ポリマー－電気を通すプラスチック ………………… 81
- 自己組織配列と単一分子エレクトロニクス ………………… 81

第7章　セラミックス

- 古来から現代まで身近なセラミックス ……………………… 84
- グラファイト－インターカレーション ……………………… 84
- ダイヤモンド …………………………………………………… 85
- 窒化ホウ素－化粧品〜レーザー ……………………………… 86
- 窒化ケイ素－耐熱材料 ………………………………………… 88
- 窒化炭素－ダイヤモンドより硬い？ ………………………… 89
- アルミナ－宝石・半導体基板 ………………………………… 89
- チタン酸バリウム－誘電体 …………………………………… 90
- 二酸化ケイ素－宝石や半導体デバイス ……………………… 91
- 蛍石－光る石が望遠レンズに ………………………………… 92

第8章　金属

- 金・銀・銅－メダルの色は？ ………………………………… 94
- アルミニウム合金と準結晶 …………………………………… 95
- 鉄と窒化鉄－構造体から磁石まで …………………………… 96

5

- ネオジム－鉄－ボロン－最強磁石 …………………………… 97
- 黄銅と青銅 …………………………………………………… 97
- 白金・イリジウム－貴金属 …………………………………… 98
- 硬くて軽い金属 ……………………………………………… 99
- 高融点金属 …………………………………………………… 99

第9章　フラーレン物質

- フラーレン …………………………………………………… 102
- 最小のフラーレン …………………………………………… 102
- 原子内包フラーレン ………………………………………… 103
- BN クラスター ……………………………………………… 105
- カーボンオニオン …………………………………………… 106
- フラーレンの応用 …………………………………………… 108
- 医薬品・化粧品 ……………………………………………… 108
- バルクヘテロ接合型太陽電池 ……………………………… 109
- 水素貯蔵 ……………………………………………………… 109

第10章　ナノチューブ・ナノホーン

- カーボンナノチューブの発見 ……………………………… 112
- カーボンナノチューブ－円筒の中空構造 ………………… 112
- ナノチューブ先端－五員環によるキャップ ……………… 113
- BN ナノチューブ－優れた絶縁性 ………………………… 114
- 多層・バンドル型ナノチューブ …………………………… 115
- カップスタック型・コイル型ナノチューブ ……………… 116
- ピーポッド型ナノチューブ ………………………………… 117
- ナノホーン …………………………………………………… 118
- 5回対称 BN ナノ粒子 ……………………………………… 118

第11章　生体関連物質

- DNA－二重らせん構造 ……………………………………… 122
- ゲノム－遺伝の全情報 ……………………………………… 123
- バイオインフォマティクス－生物情報科学 ……………… 124
- 生命と原子配列 ……………………………………………… 124
- 生命と負のエントロピー－ビデオの逆回し？ …………… 125
- ヘモグロビン－呼吸の主役 ………………………………… 126
- 葉緑体と光合成－二酸化炭素を酸素へ …………………… 128
- ハイドロキシアパタイト－歯や骨の成分 ………………… 129

- 水から氷へ ……………………………………………………… 129
- ガスハイドレート －燃える氷 ………………………………… 130

詳しく知りたい人のための参考図書 ……………………………… 133
さくいん …………………………………………………………… 135

コラム

奇跡の年 ……………………………………………………………… 22
宇宙を全部記録するホログラム！？ ……………………………… 23
宇宙のエネルギー …………………………………………………… 25
宇宙に広がるつながり―非局在性 ………………………………… 27
観測により物質化する？ …………………………………………… 28
心と物質のつながり ………………………………………………… 28
プラトンの正多面体 ………………………………………………… 31
電子顕微鏡でノーベル賞 …………………………………………… 34
Seeing is believing.「百聞は一見にしかず」 …………………… 34
ホログラムで立体テレビ …………………………………………… 37
コンピューターは人間を超えられるのか？ ……………………… 40
原子を並べれば心はできるのか？ ………………………………… 40
猫もしゃくしも超伝導 ……………………………………………… 60
「心」と「宇宙」にいきつくノーベル賞 ………………………… 64
半導体でノーベル賞 ………………………………………………… 77
転んでもただでは起きない ………………………………………… 82
ピラミッドを作るには？ …………………………………………… 82
ダイヤモンドで超伝導 ……………………………………………… 86
心のエネルギー ……………………………………………………… 92
メダルの値段はいくら？ …………………………………………… 100
心眼とノーベル賞 …………………………………………………… 104
玉ねぎと長ネギ ……………………………………………………… 108
Crazy な研究 ………………………………………………………… 110
平和のシンボル 5 点星 ……………………………………………… 120
5 回対称で空間を埋める？ ………………………………………… 120
DNA とノーベル賞 ………………………………………………… 123
光と量子脳理論 ……………………………………………………… 125
精神と物質―心は分子の作用？ …………………………………… 127
水と医療 ……………………………………………………………… 131
人間のテレポーテーション ………………………………………… 132
アインシュタインの言葉 …………………………………………… 132

7

周期律表と原子量

1	2	3	4	5	6	7	8	9	10	11	12	13	14	15	16	17	18
₁H 水素 1.008																	₂He ヘリウム 4.003
₃Li リチウム 6.941	₄Be ベリリウム 9.012											₅B ホウ素 10.81	₆C 炭素 12.01	₇N 窒素 14.01	₈O 酸素 16.00	₉F フッ素 19.00	₁₀Ne ネオン 20.18
₁₁Na ナトリウム 22.99	₁₂Mg マグネシウム 24.31					元素記号 →	元素名 →	原子量 (u) →				₁₃Al アルミニウム 26.98	₁₄Si ケイ素 28.09	₁₅P リン 30.97	₁₆S 硫黄 32.07	₁₇Cl 塩素 35.45	₁₈Ar アルゴン 39.95
₁₉K カリウム 39.10	₂₀Ca カルシウム 40.08	₂₁Sc スカンジウム 44.96	₂₂Ti チタン 47.87	₂₃V バナジウム 50.94	₂₄Cr クロム 52.00	₂₅Mn マンガン 54.94	₂₆Fe 鉄 55.85	₂₇Co コバルト 58.93	₂₈Ni ニッケル 58.69	₂₉Cu 銅 63.55	₃₀Zn 亜鉛 65.41	₃₁Ga ガリウム 69.72	₃₂Ge ゲルマニウム 72.64	₃₃As ヒ素 74.92	₃₄Se セレン 78.96	₃₅Br 臭素 79.90	₃₆Kr クリプトン 83.80
₃₇Rb ルビジウム 85.47	₃₈Sr ストロンチウム 87.62	₃₉Y イットリウム 88.91	₄₀Zr ジルコニウム 91.22	₄₁Nb ニオブ 92.91	₄₂Mo モリブデン 95.94	₄₃Tc テクネチウム (99)	₄₄Ru ルテニウム 101.1	₄₅Rh ロジウム 102.9	₄₆Pd パラジウム 106.4	₄₇Ag 銀 107.9	₄₈Cd カドミウム 112.4	₄₉In インジウム 114.8	₅₀Sn スズ 118.7	₅₁Sb アンチモン 121.8	₅₂Te テルル 127.6	₅₃I ヨウ素 126.9	₅₄Xe キセノン 131.3
₅₅Cs セシウム 132.9	₅₆Ba バリウム 137.3	57-71 ランタノイド ♦	₇₂Hf ハフニウム 178.5	₇₃Ta タンタル 180.9	₇₄W タングステン 183.8	₇₅Re レニウム 186.2	₇₆Os オスミウム 190.2	₇₇Ir イリジウム 192.2	₇₈Pt 白金 195.1	₇₉Au 金 197.0	₈₀Hg 水銀 200.6	₈₁Tl タリウム 204.4	₈₂Pb 鉛 207.2	₈₃Bi ビスマス 209.0	₈₄Po ポロニウム (210)	₈₅At アスタチン (210)	₈₆Rn ラドン (222)
₈₇Fr フランシウム (223)	₈₈Ra ラジウム (226)	89-103 アクチノイド ♦♦	₁₀₄Rf ラザホージウム (267)	₁₀₅Db ドブニウム (268)	₁₀₆Sg シーボーギウム (271)	₁₀₇Bh ボーリウム (272)	₁₀₈Hs ハッシウム (277)	₁₀₉Mt マイトネリウム (276)	₁₁₀Ds ダームスタチウム (281)	₁₁₁Rg (280)							

♦	₅₇La ランタン 138.9	₅₈Ce セリウム 140.1	₅₉Pr プラセオジム 140.9	₆₀Nd ネオジム 144.2	₆₁Pm プロメチウム (145)	₆₂Sm サマリウム 150.4	₆₃Eu ユウロピウム 152.0	₆₄Gd ガドリニウム 157.3	₆₅Tb テルビウム 158.9	₆₆Dy ジスプロシウム 162.5	₆₇Ho ホルミウム 164.9	₆₈Er エルビウム 167.3	₆₉Tm ツリウム 168.9	₇₀Yb イッテルビウム 173.0	₇₁Lu ルテチウム 175.0
♦♦	₈₉Ac アクチニウム (227)	₉₀Th トリウム 232.0	₉₁Pa プロトアクチニウム 231.0	₉₂U ウラン 238.0	₉₃Np ネプツニウム (237)	₉₄Pu プルトニウム (239)	₉₅Am アメリシウム (243)	₉₆Cm キュリウム (247)	₉₇Bk バークリウム (247)	₉₈Cf カリホルニウム (252)	₉₉Es アインスタイニウム (252)	₁₀₀Fm フェルミウム (257)	₁₀₁Md メンデレビウム (258)	₁₀₂No ノーベリウム (259)	₁₀₃Lr ローレンシウム (262)

定数表

物理量	記号	数値	SI単位
真空中の光速	c	2.99792458×10^8	$m\ s^{-1}$
重力定数	G	6.67384×10^{-11}	$m^3\ s^{-2}\ kg^{-1}$
プランク定数	h	6.62607×10^{-34}	$J\ s$
換算プランク定数	$\hbar = h/2\pi$	1.05457×10^{-34}	$J\ s$
真空の誘電率	$\varepsilon_0 = 1/\mu_0 c^2$	8.85419×10^{-12}	$F\ m^{-1}\ (N\ V^{-2})$
真空の透磁率	$\mu_0 = 4\pi \times 10^{-7}$	1.25664×10^{-6}	$H\ m^{-1}\ (N\ A^{-2})$
天文単位	AU	1.49598×10^{11}	m
光年		9.46073×10^{15}	m
アボガドロ定数	N_A	6.02214×10^{23}	mol^{-1}
気体定数	$R = k\ N_A$	8.31446	$J\ K^{-1}\ mol^{-1}$
ボルツマン定数	$k,\ k_B$	1.38065×10^{-23}	$J\ K^{-1}$
電子素量	e	1.60218×10^{-19}	$A\ s\ (C)$
電子の静止質量	$m_e,\ m_0$	9.10938×10^{-31}	kg
陽子の静止質量	m_p	1.67262×10^{-27}	kg
中性子の静止質量	m_n	1.67493×10^{-27}	kg
電子エネルギー	$m_e\ c^2$	0.5110	MeV
統一原子質量単位	u	1.66054×10^{-27}	kg

量	記号	値
オングストローム	Å	$0.1\ nm = 10^{-10}\ m$
エレクトロン（電子）ボルト	eV	$1.60218 \times 10^{-19}\ J$

序章

付属CD-ROMの使い方

3次元原子配列を自分で動かす楽しみ

　本書に示した様々な原子配列モデルを、実際にソフトで動かしてみよう。パソコン上で三次元的に原子配列を見ると、立体的に好きな方向から見ることができる。平面で見ていた場合にはよくわからない構造が、直観的に理解できるようになるだろう。

　例えば9章のフラーレン分子の図は、3次元立体視の図であり、これを立体的に見るには、ちょっとしたコツが必要である。ところが、本書の付属CDで実際にフラーレン分子をみれば、コツも何もいらない。直観的に誰でも立体的な構造が、自分が納得いくまで動かして理解できるだろう。

　まさに「百聞は一見にしかず」さらには「百見は一触にしかず」である。自分で原子の世界を触ってみよう！ソフトは、いくらいじっても、化学物質のように爆発したり壊れたりする危険はない。とにかくどんどんいじって、遊んでみよう。

CD-ROMの中身

　CD-ROMには、本書に掲載されている構造や関連する構造のデータを約230個収録してある。本書にある原子配列モデルは、フリーソフトによって、自由に動かし、表示を変え、原子を増減することもできる。

　本書のモデルを動かせるフリーソフトは、ダッソー・システムズ・バイオビア株式会社のBIOVIA Discovery Studio Visualizerである。このソフトを使えば、構造をいろいろいじったり、保存やコピーもできる。ここでは、ソフトのインストールから、使い方までを簡単に紹介する。

データをパソコンへうつす

① CD-ROMをコンピューターのCDドライブに入れる。画面上には自動的に、CDの内容が出てくるだろう。出てこなければ、PCのアイコンを探してクリックしDVD/CDドライブをクリックし、開く。

② 「構造モデルデータ」を、マイドキュメントの中に、コピーペーストする。ほかのフォルダでもよい。

③ 「構造モデルデータ」には、本書の各章ごとの構造モデルのデータが収められている（さくいん後ろ参照）。このデータを表示するためには、フリーソフトウェア「BIOVIA Discovery Studio Visualizer」が必要である。

フリーソフトウェアのインストール方法

　このフリーソフトウェア「BIOVIA Discovery Studio Visualizer」は、Accelrys Inc.社より許諾を受け、ここに記載しているものです。したがって、万一このソフトウエアの中に不都合な点があっても、著者および株式会社三恵社は、その責任を一切負わないことをご了承ください。

① Discovery Studio Visualizerは、Windows Vista/7/8もしくはLinuxで動作する。CPUは2 GHz以上、メモリは4 GB以上、ハードディスクは1 GB以上を推奨する。ホームページには記載されていないが、Windows10でも通常は問題なく動いている。
② http://accelrys.com/products/collaborative-science/biovia-discovery-studio/visualization-download.phpのアドレスに、インターネットでアクセスする。もしくは、DS Visualizerのダウンロードサイトを検索してクリックする。
③ ページの下の方に申し込み者の情報を書き込む欄があるので、赤字の＊で示した欄に書き込んでいく。英語がわからなくてもローマ字で埋めていくこと。多少の英語の間違いは気にしなくてもよい。

以下に著者の例で示す。
　　(1)「First Name」　　Takeo　　　名字ではない名前の方を書く。
　　(2)「Last Name」　　 Oku　　　　名字を書く。
　　(3)「Company name」　The University of Shiga Prefecture　所属する学校や会社名
　　(4)「Industry」　　　Academic　　大学等。
　　(5)「Email Address」　自分の電子メールアドレスを書く。
　　(6)「Job Function」　Research　　研究。
　　(7)「Job Role」　　　Professor　　職業を書く。「Student」など。
　　(8)「Country」　　　Japan　　　　を選ぶ。
　　(9)「Operating System」　自分のパソコンのOSを選択する。Windows 10が選択肢にない場合は、Windows 8.1を選択する。
　　(10)「Graphics Card」　わかれば選択し、わからなければOther/Unknownを選択。

④ 以上を記入し終わったら、画面一番下の「Submit」をクリックする。
⑤ 「Thank You」の画面が出てくる。この時点で、上で記入した電子メールアドレスに、ダウンロードできるアドレスが送られてくる。
⑥ 電子メールを立ち上げて、メールをチェックする。

⑦ 差出人：BIOVIA、件名：DS Visualizer 2017 R2 and DS ActiveX Control Download Informationのメールが来ているので、それを開く。
⑧ Windowsを使っている人は、「DS Visualizer Client (Windows 64 bit) (267 MB)」と書いてあるアドレスをクリックする（もしくはそのアドレスをコピーして、インターネットで開く）。
⑨ インターネットエクスプローラを使用している人は、画面に「ファイルのダウンロードーセキュリティーの警告　このファイルを実行または保存しますか？」と聞いてくるので、「保存」を選ぶ。「名前をつけて保存」の画面がでてくるので、自分の保存したいフォルダを選ぶ。わからなければ、「マイドキュメント」を選ぶ。ダウンロードが始まる。267MBあるので少々時間がかかる。
⑩ 「ダウンロードの完了」と画面にでるので、「フォルダーを開く(F)」をクリックする。DS2017R2Clientというファイルをクリックする。ソフトウェアのインストールが始まる。
⑪ 「このアプリがデバイスに変更を加えることを許可しますか」とでるので、「はい」をクリックする。
⑫ 「Welcome to the InstallShield Wizard for …」とでるので、「Next」をクリック。次の画面「Destination Folder」でも「Next」をクリック。
⑬ 「Ready to Install the Program」とでるので、画面下の「Install」をクリック。
⑭ 「InstallShield Wizard Completed」と画面にでるので、画面下の「Finish」をクリックする。以上でインストールは完了する。
⑮ ⑦で開いた電子メール中で、DS ActiveX Control (optional) (34 MB)もあるので、同様にダウンロードし、DS41ActiveXのファイルをインストールする。

ソフトウェアのスタート

① ソフトをスタートさせるには、Windows 10なら画面一番左下の（ ⊞ →BIOVIA →Discovery Studio 2017R2）を選択する。（インストールしたときにデスクトップにもショートカットが作成されるので、それをクリックしてもよい）

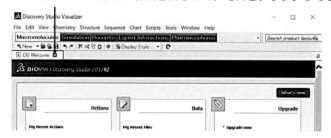

② DS Visualierが立ち上がり、What's new画面が出てくるので、DS Welcome右隣の「×」をクリック。次回から画面に出さないのであれば、クリックする前に一番下の行のボックスもクリックしておく。
③ データの読み込みには、画面左上の、File→Openをクリックすると、フォルダをきいてくるので、本書の付属CD-ROMからコピーした「構造モデルデータ」のフォルダを開く。例として、第二章のフラーレンC_{60}のモデルを見てみよう。「第二章　ナノワールド」のフォルダをあけると、「C_{60}」というファイルがある。それをクリックする。（File→Open→構造データのフォルダ→ファイル名）
④ そうするとDS Visualizerの画面上にフラーレンのモデルが現れる。
⑤ マウスの機能を使いやすくするために、（View→Toolbars→View）をクリックする。立ち上がった状態を図に示す。

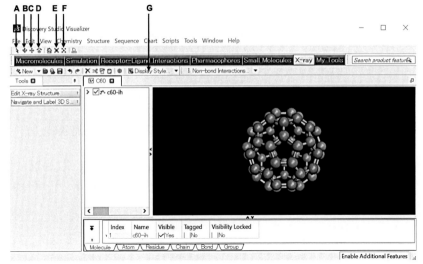

⑥ 原子の個数が多いデータ（カーボンナノチューブやYB_{56}、ヘモグロビンなど）は、クリックしてから、実際に画面上にモデルがあらわれるまでに、かなり時間がかかる場合がある。
⑦ 一度本ソフトで保存したファイルであれば、ファイルをクリックするだけで、ソフトが起動する。

基本メニュー

① 基本メニューは、画面の上にある、File、Edit、View、Chemistry、Structure、Sequence、Chart、Scripts、Tools、Window、Helpの11個である。それぞれをクリ

ックすると、様々なメニューがでてくる。Fileはファイルの読み出しや保存など、Editはモデルのコピーや加工、Viewはモデルの表示方法について、Chemistryは化学的性質について、Structureは原子にラベルをつけたりすることについて、Windowはスクリーン画面の操作、Helpは困ったときや知りたいことについての説明である。

② 操作の仕方がわからないときには、Helpの項目を見よう。目次やキーワード検索などで、自分の疑問に関するキーワードを見つけ出せばよい。英語で書いてあるが、躊躇しないで、英語の勉強もかねて、探してみよう。

モデルの動かし方

① 図のBをクリックして、マウスを動かしてみよう（もしくは右クリックして押したままでマウスを動かす）。モデルが自由に回転する。
② Cをクリックすると、モデル全体が上下左右に動く。
③ Dはモデルのサイズの変更である。マウスにホイールがついている場合は、それでも変更できる。
④ モデルの中の特定の原子や分子だけを動かしたいときは、Aをクリックして、マウスで特定の原子などを選択して、クリックを押しながら動かせばよい。

表示方法

① Eをクリックすると、モデルが画面にフィットしたサイズになる。
② モデル全体を画面の中央に移動したいときは、Fをクリックする。
③ （View→Display Style→Atom）をクリック（もしくはGをクリック）すると、右のような画面が出る。
④ Display Styleが選択できる。好みのスタイルや見やすいスタイルを選べばよ

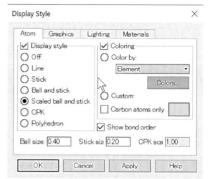

い。参考までに、それぞれの選択をしたときの、モデルの様子を下に示す。本書では主に、Scaled Ball and Stickを使っている。Stick sizeやBallの数値をかえると、原子を結合している棒の太さや原子のサイズを変えることができる。

14

序章　付属CD-ROMの使い方

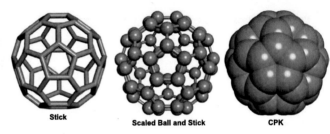

Line　　　　　Stick　　　Scaled Ball and Stick　　　CPK

⑤ 原子の色を変えたいときには、原子を選択した後、右クリックして（Color→Color）で好みの色を選ぶ。または、（Chemistry→Element Properties）で周期表が出るので、そこで目的の原子をクリックし、Colorをクリックして好みの色を選ぶ。その後再度画面上を右クリックして（Color→Color by Element）で原子がその色となる。

⑥ モデルの背景の色を変えたいときには、（View→Display Style→Graphics→Background color）をクリックし、好きな色を選択し、クリックする。

⑦ 原子の種類を表示させたいときには、（Structure→Label→Add→OK）で元素記号があらわれ、消すときは（Structure→Label→Remove）にする。

⑧ 画面上で右クリックすれば、さまざまなコマンドが現れる。

周期的な結晶の構造ファイル

① 超伝導酸化物のような結晶をベースにしたファイルでは、結晶格子の表示を変えることができる。（View→Display Style→Cell→LineまたはStick）で「単位胞(Unit cell)」という結晶の基本単位を線で示してくれる。線の色は（View→Display Style→Cell→Color）をクリックして、希望する色を選択する。

② 同様に結晶をベースにしたファイルでは、結晶格子の表示を変えられる。（Structure→Crystal Cell→Edit Parameters→Preferences→View Range）の3つの数値を多くすると「単位胞」を多くしたモデルが表示できる。この際に、Special

15

Position Toleranceの値を0以上にしておく（例えば0.001）。例として α‐BoronのView Rangeの３つの数値をかえたものを示す。

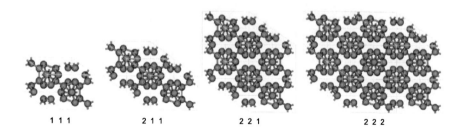

DNAの構造ファイル

① データベースなどから得たDNAのファイルでは、（View→Display Style）で、DNA／RNAの表示がでてくる。
② Backbone、Base Pairs、Base pair coloringを選択してApplyをクリックすることで、様々な表示が可能である。例を下に示す。

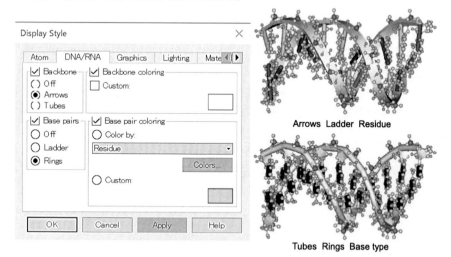

モデルの立体感

① （View→Stereo）で画面上に二つのモデルが現れる。（Stereoが選択できない場合、画面上をどこかクリックすれば選択できるようになる）。これはステレオ画

像になっている。モデルの間の距離が適当になるように拡大縮小する。ちょっと離してぼんやりとみると立体的に見えるようになる。本書のフラーレンの章でいくつか実際に示している。

② 遠近感を自分の好みに微妙に調整するには、(View → Display Style → Graphics) で、Projection の中に、Orthographic（普通の表示）とPerspective（遠近法）がある。Perspectiveを選ぶと遠くの原子が小さく、近くの原子は大きくなる。またPerspectiveのそばのangleの数字を変えると、遠近感が変わる。例を下に示す。

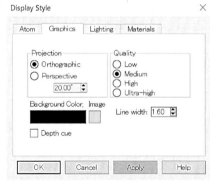

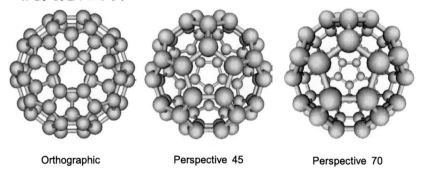

Orthographic　　　　　Perspective 45　　　　　Perspective 70

モデルの動画

① モデルを自動的に回転させることができる。(View→Spin→Spin)で回転が始まる。回転をとめるには、もう一度(View→Spin→Spin)をクリックする。
② 回転は横向きなので、モデルの回転方向を変えたいときには、動いている途中に（もしくは止まっているときでも）、画面のBをクリック後、分子をマウスで好みの角度に変化させる。

構造ファイルのデータベース

巻末の参考図書のところに示したデータベースから、pdbファイルやcifファイルなどの、様々な構造をダウンロードできる。本書の構造モデルは、著者や共同研究者

の方々が作ったオリジナルのモデル、様々な論文からの原子座標、Protain Data Bank などからのものである。

電子状態－分子軌道計算

　本書で得られた構造モデルをもとに、分子軌道計算を行なえば、分子の電子状態を知ることができる。バンドギャップの値なども計算できるので、太陽電池やLSIの性能を予測するのに、電子状態計算は非常に役に立つ。いくつかのフリーソフトがあるので、ここでは、Winmostarの例を以下に記す。

① http://winmostar.com/jp/のダウンロードにアクセスし、必要事項を記入する。
② メールが送信されてくるので、メールに記載されているアドレスからソフトウェアをダウンロードし、その後自分のパソコンにインストールする。Winmostar起動時に、メール中に書かれたライセンスコードを入力（コピーペースト）すれば使用できるようになる。
③ Discovery Studioで作成した構造ファイルを、Discovery Studioで保存するときに、Viewer Filesではなく、xyz coordinate filesなどの、汎用性のある構造ファイル形式を選択して保存する。
④ Winmostarで構造ファイルを開き、電子状態計算を行い表示する。
⑤ 下図は計算したC_{60}の分子軌道である。

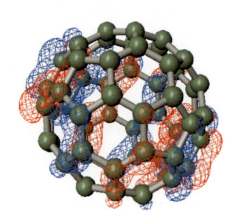

第1章

原子と宇宙の誕生

ナノワールド

　われわれの周囲の物質は、すべて「原子」からできている。携帯電話などの電子機器、机などの家具、さらには、われわれ人間も原子からできている。原子からできているとはいっても、日常生活では原子を直接見ることはできない。なにしろ原子の大きさは10^{-10} m (0.0000000001 m)ぐらいだからだ。

　科学の世界で最近よく使われている言葉で、「ナノ」という言葉がある。ナノとは10^{-9}を意味する言葉で、1ナノメートル(nm)とは10^{-9} mである(1 nm = 0.000000001 m)。本書ではナノメートルの世界の話が中心であり、この原子の世界を「ナノワールド」と呼んでいる。

　ちなみに、ミリメートル(mm)が10^{-3} m、マイクロメートル(μm)が10^{-6} mで、ナノメートルは10^{-9} mでそれよりさらに小さい。さらに小さい、10^{-12} mをピコメートル(pm)、10^{-15} mをフェムトメートル(fm)、10^{-18} mをアトメートル(am)という。

　また、ナノに似たことばで、オングストローム（Å）という単位があり、10 Å = 1 nmである。X線の分野では、慣習的にオングストロームを使うことも多い。

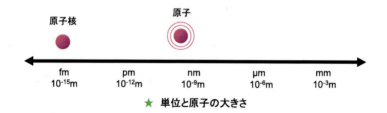
★ 単位と原子の大きさ

 ## 電子と原子核

　原子は、電子と原子核からできている。1897年にジョセフ・トムソンが、電子を発見した。電子は素粒子と考えられており、そのサイズは10^{-18} m以下である。素粒子とは、それ以上分解できない粒子だ。

　電子は、マイナスの電荷をもち、原子核の周りでぼんやりとした雲のように存在する。原子の大きさは、この電子雲が存在している0.2 nm程度となる。電子は、波のように存在していて、測定した瞬間に粒子として見ることができる。トムソンは、電子の発見で1906年にノーベル賞を受賞した。原子の中心にあるのが原子核で、陽子と中性子からできている。サイズは、10^{-15} m（1 fm）程度である。アーネスト・ラザフォードが、1911年に原子核を、1919年には陽子を発見した。

1932年には、ジェームズ・チャドウィックが中性子を発見し、基本的な原子模型ができあがった。彼らもノーベル賞を受賞した。

陽子はプラスの電荷をもつが、中性子は電荷をもたない。小さい空間でプラスの電荷をもつ陽子がお互い反発する。それをくっつけようと支えているのが、湯川秀樹が1935年に理論的に予言した中間子である。そして1949年には、日本人で初めて42才の若さでノーベル物理学賞を受賞した。

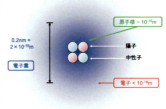

★ 原子核と電子からなるHe原子

クォークとレプトン

陽子と中性子はクォークからできているというモデルを、マレー・ゲルマンが1964年に発表し、1969年にノーベル賞受賞となった。さらに小林誠と益川敏英は、クォークが自然界に3世代（6つのクォークと6つのレプトン）あることを予言しCP対称性の破れのメカニズムを解明し（小林・益川理論）、ノーベル賞を受賞した。これを標準模型といい、現在広く使用されている理論である。

電子は、レプトンの一種である。陽子は二つのアップクォークと一つのダウンクォークから、中性子は二つのダウンクォークと一つのアップクォークからできている。ただ通常は、このクォークはしっかりくっついていて、単独で取り出すことはできない。現在このクォークとレプトンが、最小の素粒子と考えられているが、歴史は繰り返すように、これが最小という保障はない。

これよりさらに進んだ「超弦理論」が提案されている。超弦理論では、基本素粒子はある種の弦（ひも）であり、その弦の振動のしかたで、クォークやレプトンができるという理論だ。弦の概念を最初に提案したのが、南部陽一郎でありノーベル賞を受賞している。この理論は、今まで含まれていなかった「重力」を含むので、究極理論とも呼ばれるが、超弦理論を裏づける実験事実はまだ発見されていない。

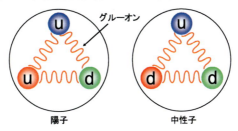

★ クォークモデル（u はアップクォーク、d はダウンクォーク）

第1章　原子と宇宙の誕生

★ 標準理論の粒子

		フェルミ粒子			ボース粒子
		第一世代 記号・電荷	第二世代 記号・電荷	第三世代 記号・電荷	力の媒介粒子 記号・電荷
クォーク		アップクォーク u　+2/3	チャームクォーク c　+2/3	トップクォーク t　+2/3	光子 γ　0 電磁力
		ダウンクォーク d　-1/3	ストレンジクォーク s　-1/3	ボトムクォーク b　-1/3	Zボソン Z^0　0 弱い力
レプトン		電子 e^-　-1	ミュー粒子 μ^-　-1	タウ粒子 τ^-　-1	Wボソン $W^\pm$　±1 弱い力
		電子ニュートリノ ν_e　0	ミューニュートリノ ν_μ　0	タウニュートリノ ν_τ　0	グルーオン g　0 強い力

● 万物の究極理論

　20世紀最大の理論といえば、量子論と相対性理論だろう。量子論は、ナノワールドのような原子の世界の理論である。1900年にマックス・プランクから始まり、エルヴィン・シュレディンガーやヴェルナー・ハイゼンベルクらによって、確立されてきた。

コラム　奇跡の年

　1905年、アルベルト・アインシュタインは、26歳の特許庁の役人であった。しかし、5つの論文を次々と発表し、学会・世界中の人々をあっと驚かせた。
　その中でも、特殊相対性理論、光量子仮説、ブラウン運動の3つは、ノーベル賞級の内容であった。この1905年は、「奇跡の年」と呼ばれている。
　アインシュタインの発見では、「光」が重要な役割を果たしている。「光」を中心として時間や空間をとらえて、物理学を再び作り上げたと言ってもいい。「時間」までも、光を基準にして決めるのである。
　光は不思議な性質をもっていて、光にとっては、時間の流れというものはなく、時間は完全にとまっている。そして逆に、光の周囲では永遠の時間が過ぎている。このように物理学の分野では、「光」というのは極めて重要な原理に関わっている。
　アインシュタインは、1921年にノーベル物理学賞を受賞した。そして2005年は、アインシュタインの奇跡の年から100周年ということで、アメリカ物理学会などが中心となり、世界物理年と定められ、数々のイベントやお祝いが行われた。
　また、2005年のノーベル物理学賞は、アメリカのロイ・グラウバーで、「光のコヒーレンス」の研究に与えられた。まさに光がそろった集合体である。量子脳理論では、心の正体が「光の集合体」であるという。将来、光と心の関係が解き明かされる日がくるかもしれない。

一方の相対性理論は、時間・光・空間・重力など宇宙の理論である。1905年に、アルベルト・アインシュタインが発表した。

これらを融合すれば、原子の世界から宇宙まで「すべて」を説明できる「究極理論」ができあがる。現在のところ、この究極理論は完成していないが、いくつかの候補がある。前節で出てきた超弦理論やループ量子重力理論、M理論、ホログラフィック原理などである。はたして、「すべて」を説明できる究極理論は、われわれの生命や心までも説明できるようになるのだろうか・・・。

> **コラム**　宇宙を全部記録するホログラム！？
>
> 　ホログラフィック宇宙原理は、オランダ人物理学者ゲラルド・トフーフトによって、1993年に提唱された概念である。トフーフトは、電弱相互作用の量子論的な構造の解明で、1999年にノーベル物理学賞を受賞している。
> 　このホログラフィック宇宙原理によれば、宇宙は一枚のホログラムとして記述される。われわれの住む宇宙は、空間の3次元に、時間を加えた「4次元」時空である。この宇宙内部の全空間及び全時間（過去・現在・未来まで）のすべての情報が、4次元から一つ次元が減った3次元境界ホログラムに記録されているというのである。
> 　突拍子もないこの3次元境界ホログラムという概念は、まだ理論的には解明されていない。この考え方が正しいとすれば、われわれ人間も、このホログラムの中で動いている情報に過ぎないことになる。もしかしたら人間の「心」とも深いかかわりがあるのかもしれない・・・。

宇宙の始まりから原子の誕生へ

　原子はどのようにして生まれたのだろうか？　これを考えるには、宇宙の誕生まで、さかのぼらなければならない。われわれが今住んでいる宇宙は、今から137億年前に始まった。宇宙が始まる前は、時間も空間もない、「無」の状態であった。

　車椅子の有名な物理学者、スティーブン・ホーキングによれば、宇宙が始まる前は、虚数時間が流れている世界だったという。禅問答のようだが何も無かったのである。ただ何も無いといっても、一見そうみえるだけで、実際には、ほんの一瞬の短い時間に時間と空間がゆらいで、無数の宇宙が生まれてはまた消えるという状態を考えればいい。

　そのような無の空間が、エネルギー的にゆらいでいた。そしてあるとき突然、そのゆらぎの中から、われわれの宇宙が誕生した。宇宙が誕生したときの宇宙の大きさは、10^{-35} m以下である。

本章最初の図をみてもわかるように、10^{-35} mはとてつもなく小さい。宇宙は、一個の原子の大きさよりもはるかに小さいサイズだった。ここから急激な膨張が始まり、約10^{-32}秒たつと、ビッグバンが始まった。

ものすごい高温高密度のエネルギーで、宇宙の大きさも膨張していった。最初はエネルギーのかたまりで、粒子や反粒子や光が渾然一体となった状態だった。反粒子とは、今の宇宙には残っていない粒子で、粒子と合体すると光になって消える。

本来宇宙が完全な対称性をもっていれば、粒子と反粒子は合体してすべてもとのエネルギーに戻り、この宇宙には物質が存在しないはずであった。しかしCP対称性の破れのために、粒子がほんの少し生き残ったのだ。現在宇宙にあるすべての物質は、宇宙創成時の対称性の破れにおける「生き残り物質」の子孫である。われわれ自身もその生き残り物質からできているのだ。

10^{-11}秒くらいになって、粒子としてクォークが残ってくる。10^{-5}秒くらいになると、クォークがくっつき始める。そして10^{-3}秒くらいで、陽子と中性子ができた。

3分後にようやく、陽子と中性子が結びついて、原子核ができた。まだ電子は、ばらばらの状態だ。

時は流れて、宇宙が誕生して38万年後、ようやく、電子が陽子と中性子からなる原子核にトラップされて、「原子の誕生」だ。

宇宙はひとつ

38万年たつまで、電子と原子核がばらばらの状態だったので、光がそれらにぶつかってしまい、まっすぐ進むことができなかった。もやもやした霧のようなイメージだ。原子が誕生して、霧がすっかり晴れ上がると、光がようやくまっすぐ進み始める。現在の宇宙観測が可能なのは、これ以降の時代である。

この137億年前の宇宙の写真を撮影して、ビッグバンを証明したのが、ジョン・マザーとジョージ・スムートらで、2006年のノーベル物理学賞を受賞した。

原子ができると原子同士が結びついて分子となり、あるとき生命体が発生し、生物が進化し、ついにはわれわれの身体ができあがる。

このように宇宙の誕生を考えてみると、われわれは皆、最初は原子より小さい空間で、一緒だったのだ。読者の皆さんも、著者も、他の世界中の人たちも、この本も、机もいすもパソコンも地球も月も太陽も、もともとは皆一つのエネルギーのかたまりだった。そこからだんだん物質化して、分裂していったのである。

そういうふうに考えれば、人間同士もっと仲良くできるだろう。もともと一緒のエネルギーだったのだから。

第1章　原子と宇宙の誕生

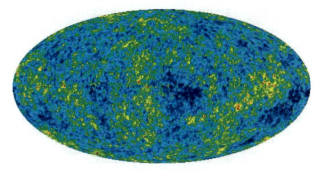

★ 137億年前の宇宙（宇宙誕生から38万年後）を示す写真．2008年3月：NASAが宇宙温度・光の観測結果を発表．NASA/WMAP Science Team, http://map.gsfc.nasa.gov

コラム　宇宙のエネルギー

　NASAによる宇宙の観測結果から、宇宙の年齢や性質を調べた。すると、現在の宇宙全部のエネルギーのうち、われわれがわかっているのは、光と物質だけで、たったの5％しかなかったのである。あとの27％がダークマターという未知の粒子で、68％はダークエネルギーという全く未知のエネルギーだ。つまり、宇宙全体の95％は、未知のエネルギーなのである。これは、21世紀の宇宙物理学の最大の謎となっている。

　ダークエネルギーは、1998年に超新星の観測から発見された。宇宙は単に膨張しているのではなく、スピードアップしながら加速膨張していることがわかり、これは空間そのものがエネルギーをもつというダークエネルギーの存在によるものと考えられている。この大発見は2011年のノーベル物理学賞となった。ダークエネルギーの一候補として、アインシュタインが予言した質量とエネルギーと時間と空間を規定するアイシュタイン方程式の中の宇宙定数が取り上げられている。この宇宙定数は、アインシュタインが生前「生涯最大の失敗」と言っていたものであるが、亡くなってから40年以上もたってそれが見直されてきたということで、アインシュタインも天国でびっくりしているのではないだろうか。

 ## 光の物質化

　物質と光は、お互いに変わることができる。$E = mc^2$ という、アインシュタインの有名な方程式だ。左側の E はエネルギー、右側の m が質量、c が光の速さである。同様に光のエネルギーは、$E = h\nu$ で表され、h はプランク定数、ν は光の振動数だ。

　宇宙で一番エネルギーが高い光は、ガンマー線バーストと呼ばれる天体現象からでてくる光である。それでは、それよりエネルギーが高い光があったらどうなるのだろうか。

25

光のままでいることができなくなって、物質になってしまうのである。ポール・ディラックが、この光の物質化現象を理論的に予言した。そして、カール・アンダーソンが実験で光の物質化を証明したのである。二人ともノーベル賞を受賞した。

1996年には、スイスのヨーロッパ素粒子物理学研究所で、光を物質化させて、水素原子を生み出すことに成功し、2002年には5万個の水素原子を作れるようになり、2011年には16分間の保持に成功した。

逆に、アインシュタインが発見したように、物質は光にも変化する。これを利用しているのが、原子炉である。さらに、太陽も物質を光に変えているのである。原子炉ではウランが核分裂し、太陽では水素原子が核融合し、一部の物質が光に変わっている。その大きなエネルギーを、われわれが利用しているのである。

量子の世界

量子とは、マックス・プランクが発見・提唱した、物理量の最小単位だ。ふつうわれわれの日常の感覚では、エネルギーや時間や距離などは滑らかで、とぎれとぎれの単位があるようには思えない。時間や距離をどんどん短くしても、これで終わりというような最小単位があるようには思えないだろう。

ところがナノワールドになると、エネルギーや時間にも、これ以上小さくできないという最小単位（プランク時間・プランク長さなど）がある。われわれが住んでいる宇宙には、最も重要で基本的な3つの物理定数がある。宇宙全体に関する定数として、光速 c（3×10^8 m s^{-1}）、重力定数 G（6.67×10^{-11} m^3 S^{-2} kg^{-1}）があり、微細な世界の定数として、プランク定数 h（6.63×10^{-34} J·s）がある。プランク時間（5.4×10^{-44} s）やプランク長さ（1.6×10^{-35} m）なども、この3つの定数から計算できる。

このような微細な世界では、量子のいろいろな不思議な効果が現れる。光や電子をみると、粒子と波の両方の性質をもっている。アインシュタインによる光電効果の発見だ。この「粒子と波の二重性」は、量子の世界の一つの特徴だ。波と粒子を両方同時に取り扱うには、ド・ブロイの関係式 $\lambda = h/p$ を用いる。運動量 p で動く粒子は、λ の波長をもつ。

観測問題と非局在性

電子は雲のようにうすぼんやりと存在していると述べた。どこにいるかをきっちり決められない、「不確定性原理」という法則である。そのぼんやりとした電子を、人間が観察した瞬間に、ある一点にいることがわかる（収縮する）という、奇妙な現象が起こる。これをコペンハーゲン解釈という。しかしアインシュタイン

は、この確率的な解釈に反対していた。この量子論の「観測問題」は、未解決のやっかいな問題である。量子状態は観察過程により物質化するという、物理学の中に観測という項を組み入れるという問題である。これをさらに発展させたのが、フォン・ノイマンであり、量子論では、量子の収縮を原理的に可能にするために、意識を入れることが必要であると主張した。意識を入れなければ、量子論は完全な理論にならないというのである。ぼんやりした量子を観察すると、観察した瞬間に、はっきりとした量子の姿が現れる。このはっきりとした量子の姿は、もとのぼんやりした量子そのままの姿ではない。ぼんやりした量子状態のもとの情報の一部が失われている。出てきた量子の情報は、平均化された情報である。観察する前の、量子のぼんやりした真の姿はわからない。このぼんやりした可能性である量子状態（波動関数）から「原子でできた物質」への変換を数式で表したのが量子論である。この物質的存在は、時間と空間を分離させるはたらきがある。逆にいうと物質化する前の量子状態では、時間と空間の分離がない非局在性の状態にある。

　これとは別の考えもある。電子は多数の重ね合わせた世界に同時に存在し、観察しているのはその一つの世界だけだというのである（「多世界解釈」）。電子がこっちの世界ではAのエネルギーで、別の世界ではBのエネルギーをもっている。さらに別の世界ではCのエネルギーをもつ。

コラム　宇宙に広がるつながり—非局在性

　量子論には、もう一つ「非局在性」という非常に大きな発見があった。これは量子論でも解明されていない、第二のブラックボックスだ。

　非局在性をわかりやすい言葉で言えば、「距離に関係なくつながっている」ということだ。そのつながりが全宇宙にまで広がっていて、たとえ宇宙の端と端でも、そのつながりが可能である。そしてそのつながった状態を、量子エンタングルメントと呼ぶ。

　例えば、二つの粒子のうちの一つの粒子の物理的測定が、もう一つの粒子の状態を自動的に決めることになる。光の速さで届かない距離でも、このようなことが起こる。すると光の速さを超えているということで、相対性理論に合わないことになってしまう。アインシュタインとその共同研究者たちも、この奇妙な現象に理論的な面から気づいていた。そしてこれを「薄気味悪い遠隔作用」と呼んでいたのだ。

　この非局在性は、ジョン・ベルにより理論的に説明され、アスペたちによって実験的に証明された。しかしながら、どのようにしてこの非局在性が起こるのかは、いまだに明らかになっていないのだ。

コラム　観測により物質化する？

　量子論は、私たちの生活にとても役立ってきた。パソコンや携帯電話にも、量子論がつかわれている。これだけ現代科学に貢献している量子論だが、実際には未解明のブラックボックスが二つある。

　第一のブラックボックスは、観測問題とよばれるものである。この観測問題に関しては、量子物理学に関する国際会議での非公式の投票結果が、テグマークにより最近報告されている。90人中、コペンハーゲン解釈・未知の収縮メカニズムが8人、ガイド波解釈が2人、多世界解釈が30人であり、あとの50人は態度未定となっている。多くの先端的な量子物理学者たちでさえ、未だに観測問題に関してははっきりした答えをもっていないのだ。

　現在われわれが使っているコンピューターの基礎を築いたフォン・ノイマンは、ポスト・コペンハーゲン解釈を推進し、観測問題には意識が関わってくることを提唱した。今までの物理学には、意識や心というものはまったく入るすきがなく、物理学から完全にとり除かれていたのだが、量子論の発見とともに、意識や心が、物理学に入ってきたのだ。

　量子論が発見された当初は、この重大なことには誰も気づかなかった。しかし量子論の研究が深まるにつれて、はっきりとしてきたのである。量子論では、「観測」ということを考える。ここには「意識」という考え方が、必ず入ってくる。誰かが観測を行わなければ、われわれの世界のような、はっきりした物質世界が現れない。量子状態とよばれる、ぼんやりした状態のままなのだ。観測すると初めて、われわれがいつも感じている物質的な世界になるのである。

　そうなると、太陽はどうなるのだろうか。われわれが見る前は、ぼんやりした状態にあり、見た瞬間に太陽として物質化してあらわれる。地球から、誰かが太陽を見ているから、存在している。われわれの日常的な感覚からは、信じがたいことである。誰も太陽を見ていないときには、どうなるのだろうか。ぼんやりしたままで、物質として存在しないのだろうか。

　量子の本当の姿は、ものというよりもアイデア、つまり心に近いもので、宇宙全体がつながりあっている。太陽も、量子状態の情報として、ぼんやりとした状態で存在し、進化しているものと思われるのである。

コラム　心と物質のつながり

　非局在性は、生命や心の性質にとても似ている。たとえば、体は60兆個の細胞からできているが、これらの細胞はお互いにつながりあっている。単に、神経の電気信号の伝達で説明できるものではない。むしろ量子的なつながりをもっているように思われる。

　2001年のノーベル賞は、ボース・アインシュタイン凝縮体であった。原子の量子状態がみんな同じになり（コヒーレント）、あたかも一つの巨大な原子としてふるまうのだ。巨視的量子凝縮体ともいうが、生命体は、この巨視的量子凝縮体に、とても似た性質をもっている。

　心が、量子的な非局在性をもつとする。そうすると、心と心、もしくは心と物質の間での、非局在的なつながりが可能ということになる。そのつながりは、量子論で説明が可能になってくるのである。このように心というものは、物理学では物質的なものではなく、ぼんやりした可能性なのだ。観察することで、間接的にその様子を知ることができる。

第2章

ナノワールドを見てみよう

原子・分子・クラスター・結晶

　我々の身の回りにおいては、原子1個1個が孤立して存在することは少ない。むしろいくつかの原子の集団となっている。たとえば水素原子は二つがくっつき、水素「分子」となっている。窒素や酸素も同様に、二個がペアになった分子になっている。そして、もっと多数の1-100個程度の原子の集団をクラスターとも呼ぶ。
　さらに大きく原子が周期的に配列したものは結晶と呼ばれる。身近なものでいえば、鉄やアルミニウムなどは、鉄の原子やアルミニウムの原子が規則正しく配列した結晶である。

炭素のさまざまな構造

　炭素原子は、恒星において3個のHe原子の核融合により生成され、宇宙全体で4番目に多い元素である。地球上でも、光合成などの生命活動や人工光合成において重要な役割を果たしている。ここではこの炭素をみてみよう。炭素原子の並び方によって、さまざまなものができる。
　まず1個の炭素原子には、電子でできた4つの手がある。4本の手を全部使って、4個の水素原子をくっつけてみる。これがメタン（CH_4）分子だ。
　今度は4本の手の全部に、4個の炭素原子をくっつけてみる。そうすると、図のような4面体ができる。さらに炭素原子には手がついているので、どんどん炭素原子をつけていくと、ダイヤモンドになる。炭素原子をつけていくと周期的な配列になるので、この周期的な原子配列を「結晶」という。
　さて炭素原子には4つの手があるが、3つの手を他の炭素と結んでみよう。そうすると平面状に炭素が並んで、1個の電子が残る。この電子は雲のように、この平面の上と下にぼんやりと存在する。これはパイ（π）電子と呼ばれている。これをくりかえすと、炭素の6角形構造ができる。これはグラファイト（黒鉛）の構造である。炭や鉛筆の芯には、このグラファイトが入っている。またこの6角形構造が円筒状にまるまったものが、カーボンナノチューブである。そして球形にまるまったものが、フラーレン・クラスターである。
　炭素原子はこのように、グラファイト、フラーレン、ダイヤモンド、カーボンナノチューブなどさまざまな同素体構造をもち、電気的性質も金属ー半導体ー絶縁体と大きく変化し、炭素だけで形成するオールカーボンエレクトロニクスなども提案されている。

第2章 ナノワールドを見てみよう

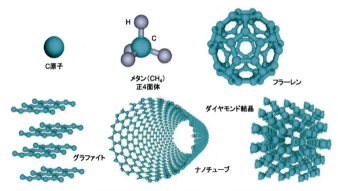

★ 炭素原子から分子、クラスター、結晶まで

> ### コラム　プラトンの正多面体
>
> 　原子の配列は、多面体の構造になることがよくある。古代ギリシア時代に、プラトンらによってまとめられた正多面体の定義は、①すべて同じ正多角形からできている、②頂点はすべて同じ形になっている、というものである。このプラトンの正多面体は、図に示すように、正四面体、正六面体、正八面体、正十二面体、正二十面体の5種類のみである。
> 　このような対称性の高い美しい構造に基づいて、炭素系物質をつくろうという試みもさまざまに行われている。また天文学者のケプラーは、「宇宙の神秘」という本の中で6つの惑星の軌道半径と正多面体との関係を調べているうちに、惑星軌道の法則を発見した。
> 　プラトン自身は、音楽が生命に大きな影響を及ぼすと信じていたようで、物質宇宙の波動的で音楽的な性質と生命との関わりに興味を持っていたようである。実際、音楽の心地よい音程比率の視覚的な表現として、このプラトンの正多面体が挙げられることもある。
>
>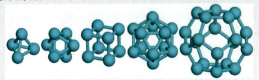

 ## ナノワールドを見る電子顕微鏡

　ナノワールドを見るにはどうしたらよいか。まず思いつくのは、子供時代に買ってもらったり、小学校の授業などで使ったりした「光学顕微鏡」であろう。光学顕微鏡では、光とガラスのレンズを使って拡大する。しかし、光の波長が数百nmなので、それより小さいものを見ることは難しい。
　波長が光より短いものはないだろうか。いくつか候補はあるが、そのうちの一つが電子である。たとえば、1300 kVの電圧をかけると、電子の波長は0.000714 nmにな

る。これだけ波長が短ければ、原子を見ることができそうである。電子を使って物質を拡大して見る装置が、「電子顕微鏡」だ。光学顕微鏡では、ガラスのレンズを使って拡大する。しかし電子は、ガラスのレンズではコントロールできない。そこで、電磁石の磁場をつかって、電子をコントロールする電子レンズをつかう。

顕微鏡というと、光学顕微鏡のような小さい装置を思い浮かべるかもしれない。しかし電子顕微鏡は、もっと大きい装置である。図は、世界最高級の分解能（58 pm）を持つ電子顕微鏡である。

★ 原子分解能電子顕微鏡（日本電子製、JEM-ARM300F GRAND ARM、http://www.jeol.co.jp）

原子が見える

電子顕微鏡を使えば、原子1個1個を直接見ることができる。例として、タリウム系超伝導酸化物の電子顕微鏡写真を図に示す。多数の黒い丸が並んでいる。これらの黒い丸の1個1個が、金属原子である。この超伝導酸化物では、タリウム原子（Tl）、バリウム原子（Ba）、銅原子（Cu）が明瞭に観察できる。

この中で、原子番号の大きいタリウム原子、バリウム原子は、大きく濃い黒丸として写っている。また、原子番号の小さい銅原子は、小さい黒丸として写る。またよく見ると、タリウム原子同士の距離が近くて、タリウムとバリウムの距離がはなれているのがわかる。このようにして、原子を見分けたり、原子の間の距離をはかったりすることができる。現在進んでいるナノテクノロジーでも、電子顕微鏡は非常に大きな武器となっているのだ。

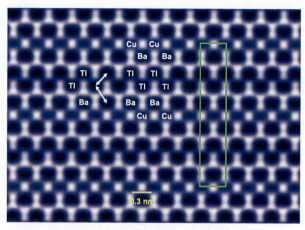

★ タリウム系超伝導酸化物の電子顕微鏡写真

3次元構造を見るには？

　りんごは見る方向によって、さまざまに見える。りんごの全体の形をはっきり見ようと思えば、さまざまな方向からりんごを見る必要がある。
　ナノワールドでも同じである。ダイヤモンドを見てみよう。3つの異なる方向から見ると図のようになる。同じ物質でありながら、方向によって全く違う感じに見える。多くの方向からの情報を結びつけることで、ダイヤモンドの3次元構造がわかってくるのである。

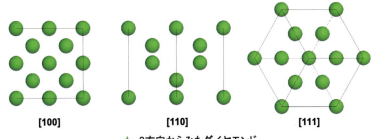

★ 3方向からみたダイヤモンド

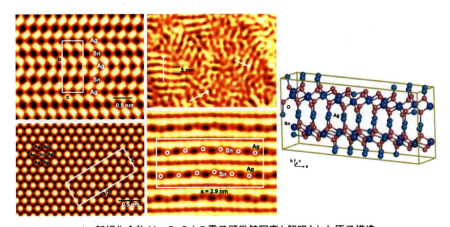

★ 新規化合物（Ag_2SnO_3）の電子顕微鏡写真と解明された原子構造

　新しい原子の並び方を明らかにするには、さまざまな方向から観察する必要がある。電子顕微鏡による3次元観察で構造を明らかにした例を示す。図は、新しく開発された、銀とすずの酸化物（Ag_2SnO_3）の電子顕微鏡写真で4つの方向から観察している。銀をAgで、すずをSnで示している。
　特に右下の写真では、銀（Ag）の原子の位置が波うっているように見えるのに気づかれた方は、電子顕微鏡の素質がある。これは本書の印刷が悪くて、写真が歪ん

33

でいるわけではない。実際に、それぞれの金属原子の位置が微妙に移動しているため、銀の位置が波うって見えているのだ。合計4方向からの観察とX線回折のデータも加えながら、この新規化合物の原子配列が明らかになった。これは変調構造という原子配列で、通常の構造から揺らいだ構造になっている。実際には、さまざまな化合物でよく観察される。たとえば多くの超伝導酸化物にも、この変調構造があることが、電子顕微鏡によって発見されている。

コラム　電子顕微鏡でノーベル賞

　電子顕微鏡は、エルンスト・ルスカの大学の卒業研究から始まった。最初の電子顕微鏡が完成したのが1931年で、まだ17倍の倍率だった。
　1933年には、1万2千倍の倍率で、分解能50 nmという、本格的な電子顕微鏡を開発した。この電子顕微鏡で初めて、光学顕微鏡の性能（倍率1500倍、分解能200 nm）を超えた。ナノワールドへの新しい扉が開いたのだ。その後ルスカらは、世界で初めてウィルスを撮影し、世界中に衝撃を与えた。
　ルスカは、1986年にノーベル物理学賞を受賞した。電子顕微鏡を発明してからなんと、55年の歳月が経っていた。受賞から1年半後、ルスカは永遠の眠りについた。ご冥福をお祈り申し上げます。

コラム　Seeing is believing.「百聞は一見にしかず」

　「ゴースト/ニューヨークの幻」という映画をご覧になったことがあるだろうか。文字通り「幽霊」の話である。といっても、おどろおどろしたオカルトものではなく恋愛物語である。ある恋人同士がいて、男性の方が死んでしまって幽霊になるが、呼べども叫べども女の子は気づいてくれない。
　筆者の友人がこの映画を見に行って、ものすごく感動して、映画館の中で涙を流しながら見たそうである。もちろんその友人というのは大の男であり、そんな大の男が泣くくらいだからよほど面白い映画なのかと思い、筆者も見たら、すごく面白く感動した。
　といくら力説したところで、実際に自分の目で見なければ、本当に面白いかどうかもわからない。「百聞は一見に如かず」というわけで、皆様にもぜひお勧めする。
　最先端のナノテクノロジーでも、実際にこの目で見ることで、多くのことを知ることができる。まさに「百聞は一見に如かず」なのである。
　「ゴースト」の話の続きであるが、彼女は幽霊となった男にぼんやりと気づき始める。そして彼が天国に行こうとするまさにその瞬間、彼女には彼の姿がはっきりと見え、その存在を確認するという感動の物語である。

第3章

情報材料

CDからDVDへ―情報時代

現在のCDの記録容量は0.7 GB、DVDは4.9 GBである。DVDには普通の映画なら一本収まる。これらのCDとDVDは、それぞれ波長780 nm（赤外線）、635 nm（赤）の半導体レーザー光が使われている。読み出したり、書き込んだりするときには、波長が短いほど多くの情報を書き込める。

さらにブルーレイディスクが、405 nmの波長の青色レーザー光で25 GBの容量となり、記録容量はどんどん増えている。これだけの容量になると、読み込みと書き込みにもかなりの時間がかかる。CDで1.2 Mbps、DVDで11 Mbpsである。bps(bit per second)というのは、一秒間に動いているデータ量（ビット数）で、Mは100万を意味する。このような形の光ディスクは、記録密度の限界に近づいていると言われている。

ニオブ酸リチウム―ホログラフィックメモリ

ここで注目をあつめ始めたのが、ホログラフィックメモリである。容量はなんと1000 GBで、読み出し速度も1 Gbpsと、今のDVDの40倍の容量と100倍の読み出し速度をもっている。大容量の3次元情報を、一気に読み書きできるこのホログラフィックメモリには、光をあてると屈折率が変化する、ニオブ酸リチウム（$LiNbO_3$）が使われている。ホログラフィックメモリが、これだけの大容量と高速な読み書きができるのは、これまでの光ディスクとは原理が違うからだ。CDやDVDは、ディスクの内部に凸凹があり、それに一つ一つレーザーの光をあて、反射率の違いでデータの記録再生を行っている。つまりデータを平面ディスク上に2次元的に記録している。

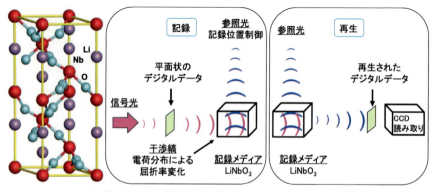

★ ニオブ酸リチウムの構造とホログラフィックメモリ記録・再生の模式図

コラム　ホログラムで立体テレビ

　ホログラムは、平面の中に立体的な像を記録する技術で、発明者のデニス・ガボールは、1971年のノーベル物理学賞を受賞している。身近な応用では、一万円札の左下にホログラムが印刷されており、みる角度によって、模様や色が変わって見える。

　ホログラムには、「平面の中に立体の情報がある」という特徴がある。みかんを例にとると、立体的なみかんをホログラムとして、写真に記録する。このホログラム写真を再生すると、目の前にあたかも3次元のみかんがあるかのように浮かび上がってくる。ディズニーランドの3Dシアターと同じような感じである。大きな違いは、専用のめがねが必要なく、そのまま直接立体的に見えることだ。

　もう一つの大きな特徴は、「部分が全体の情報をもっている」ということだ。さきほど、みかんをホログラムに記録した例を示した。記録されたホログラムの写真のサイズが、10センチ×10センチとする。この写真全部を再生すれば、きれいな3次元の立体的なみかんの像が浮かんでくる。

　ここでホログラム写真の1センチ×1センチという一部分だけを再生してみる。ふつうに考えると、みかんのほんの一部分が、見えるだけだ。ところが驚いたことに、その一部分の写真を再生すると、3次元の立体的なみかんの全体の像が浮かび上がってくるのだ。これが、部分が全体の情報をもっている、という意味である。ただ情報が少なくなるので、写真全部を再生したときのようにはっきりとした像ではない。しかしぼんやりとした像でありながら、みかんの全体像は再生されるのだ。このホログラムを応用した、眼鏡のいらない立体テレビが普及して楽しめる日がくるだろう。

　一方、ホログラフィックメモリは、光の情報をニオブ酸リチウムなどのメディア全体に、立体的に3次元的に記録する。これは3次元の立体画像を2次元の平面に記録するホログラフィー技術を応用したものだ。図に示すように信号光と参照光をあてて干渉縞を記録する。このときの記録はDVDのような凸凹ではなく、メディアのフォトリフラクティブ効果（光の強さによって電子分布が変化し屈折率が変化する効果）で記録できる。

　さらにCDやDVDなどの光ディスクでは、ディスクを回転させて1ビット（情報の単位）ごとに、レーザーの光でデータを読み出している。一方、ホログラフィックメモリでは、一回レーザーをあてるだけで一気に屈折率の変化を読み出し、一度に数千ビットもの高速で読み書きができる。今までよりはるかに高速で読み出しができるのだ。

　このようなホログラフィックメモリのアイデアは、最近いきなりあらわれてきたわけではない。実際には、レーザー光がでてきた1960年代に提案され、1970年代には簡単な装置はできていた。しかし、普通の光でデータが壊れたり、データ書き換えに、200℃の高温にして初期化しなければならないという大きな問題があった。また、ハードディスクや半導体メモリの発展で、それほど注目されてこなかった。

しかしさまざまな記録メディアの容量と読み書き速度が膨大な量になってくると、ホログラフィックメモリが注目をあつめるようになったわけだ。現在では、データの保存性もよくなり、温度をあげなくても紫外線で初期化できるようになった

 酸化鉄－磁性体

酸化鉄にはいくつかの構造があり、酸素と鉄の比率も若干違う。代表的な3つの酸化鉄の構造を示す。酸化鉄を主成分とするセラミックスをまとめてフェライトという。磁性材料として広く用いられていて、酸化鉄にバリウム（Ba）やストロンチウム（Sr）を加えたフェライトが、磁石として用いられている。

ビデオテープ、クレジットカード、切符などの磁性材料に使われているのは、マグヘマイト（γ-Fe_2O_3）である。大気中でも非常に安定で、値段も安く原料も豊富なので、広く使われている。マグヘマイトの微粒子を、テープや切符やカードに塗り、さまざまな映像や音楽などの情報を記録できる。微粒子のサイズが小さいほど、多くの情報を記録できる。

鉄原子のまわりの電子は、軸を中心として自転するようなイメージのスピン運動をしている。このスピンによって生じる「磁気モーメント」（図に示す矢印）によって磁性がでてくる。電子の回転の向きで、NとSの磁石ができるようなものである。例えとして、地球が自転して北極と南極にSとNの磁石ができているようなイメージを思い浮かべてもらうとよいだろう。

実際の物質中には、原子がたくさんあるので、そのまわりの電子もたくさんある。何もしない状態では、図に示すように磁気モーメントの向きは、ばらばらであるが、外側から磁場をかけると、ある方向にそろえることができる。そして、そのあと磁場をかけるのをやめても、そのままにとどまる。このような物質を強磁性体という。原子レベルから磁気モーメントがそろって、実際に磁石のようにNとSができるのである。

ヘマタイトは、鉄の赤いさびである。火星の赤い色は、土の中にこのヘマタイトがあるからである。この赤い色は、空気中でも非常に安定なので、昔からひろく利用されてきた。たとえば、フランスの1万5千年前のラスコー洞窟壁画の牛や馬の絵の赤い色にも使われているし、日本では高松塚古墳の壁画やさまざまな寺院の赤い色にも広く使われている。また、せとものに赤い色をつけるのにも使われてきた。

マグネタイトは、黒いさびの成分で磁性をもっているが、保磁力が弱くて記録した情報が消えてしまうので、実用材料としては使われていない。むしろ黒の顔料として、化粧品やうるしにまぜて使われたりしている。

第3章　情報材料

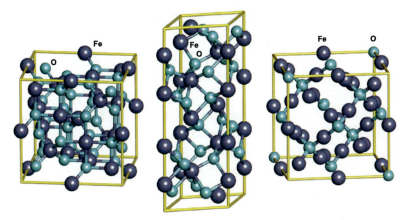

★ 酸化鉄の構造。左から、マグヘマイト、ヘマタイト、マグネタイト

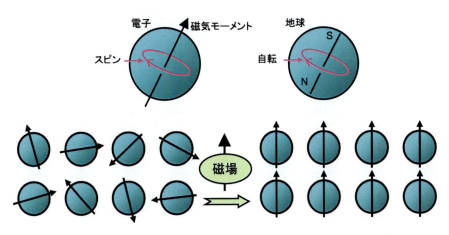

★ 電子の磁気モーメントと地球のたとえ、磁場をかけたときの磁気モーメントの変化

● 量子情報材料

　原子以下の世界では、同じ物が二つの場所に同時に存在する不思議な現象が起こる。この量子状態を情報処理に応用すれば、一つの素子で同時に「0」と「1」を表す「量子ビット」となる。この量子ビットが50個あれば、2の50乗（約1000兆）個の状態が同時に表せる。さらに量子ビットがお互いに「量子もつれ状態」をコヒーレントに保つ次世代のデバイスが量子コンピューターで、現在のスーパーコンピューターで解けない計算が可能となる。

39

この量子コンピューター実現のために、光子、電子スピン、核スピン、イオン、超伝導磁束、電荷、半導体励起子などを利用する方法が考えられている。具体的には、量子ドットや、Si原子核スピン、Al超伝導によるジョセフソン素子、ピーポッドナノチューブ、核磁気共鳴などにより、理論計算や実験が試みられ、2012年のノーベル物理学賞にもなってきている。究極的には、電子や原子一個ずつに量子ビットを割り当て、その非常に弱いスピンを計測・制御する技術が重要になる。また量子情報を読み込み、演算させ、読み出すシステム（アーキテクチャー）も必要となる。現在のSi半導体コンピューターはほぼ理論限界に到達しつつあるので、原理が全く異なる量子コンピューターの今後の発展が期待される。

コラム　コンピューターは人間を超えられるのか？

最近は、二本足で歩くロボットが開発され、外見や行動がかなり人間に近いロボットも登場してきた。2050年のサッカーのワールドカップで、人間を相手に人型ロボットが勝つ、というプロジェクトも進行し、毎年ロボカップ世界大会が開催されている。人間の身体の機能と同様の性能は、いずれもつようになるだろうし、肉体的なパワーという面では、いずれロボットに負ける日が来るだろう。

ただ最終的に、人間の「心」を超えられるコンピューターができるかどうかは難しいところである。人間の心は、「想像力」「創造力」を持っている。人間の心は、ロボットやコンピューターを生み出してきた。ロボットやコンピューター自身に、果たして自分自身を改良し、さらに進化していくというようなことが可能だろうか。「心」の領域では、人間は本当に素晴らしい能力をもっているのだ。

コラム　原子を並べれば心はできるのか？

現代の生命科学は、物質的な考え方にもとづいている。人間の原子配列を解明し、そのとおりに原子をならべれば、心・生命が生まれる、という考え方である。つまり、ある人と同じように原子をならべ「人間」を作製すると、もとの人と同じ「心」をもつことになるというのだ。

はたして、本当にそうだろうか。このように原子を並べただけで、「生命」が生まれるのだろうか？さらに、「心」を作り出すことができるのだろうか？

これだけ科学が発展しているが、試験管の中で生命を生み出すことはできていない。これは、単なる技術的難しさではないように思われる。現代科学では解明されていない、未知の原理がありそうだ。

現在の脳科学では、主に次の二つの考え方に分かれている。
① 分子生物学をきわめれば、人間の心もすべて解明できる。
② 細胞や分子をいくらいじっても、人間の心は解明できない。
物質レベルでは解明できない「何か」が、心にはあるのかもしれない。

第4章

エネルギー材料

第4章　エネルギー材料

太陽光発電－次世代エネルギーの鍵

　アメリカにおいて、ソーラーグランドプランというエネルギー計画が提案されている。現在主流の石油・天然ガス・石炭などの化石燃料や、ウランやプルトニウムの核分裂を利用した原子力から脱却しようと計画である。2050年までに全エネルギーの69%、さらに2100年には100%を太陽光エネルギーでまかなうという壮大なプランだ。ドイツでも世界エネルギービジョンが描かれていて、2050年までに全エネルギーの20%、2100年までに70%を太陽光エネルギーでまかなうことになっている。

　日本でも、新エネルギー・産業技術総合開発機構により、2050年までの太陽光発電ロードマップが公開されていて、さまざまな課題が示されている。

　太陽光エネルギーは、われわれ人間の寿命と比べるとほぼ無限にある。また全世界の1年間のエネルギー消費量は、地球に40分間照射している太陽光エネルギーに等しい。この太陽光発電によるエネルギー全供給が実現すれば、化石燃料枯渇、二酸化炭素による地球温暖化、放射性廃棄物処理等の問題もなくなる。このように太陽光発電は、エネルギー問題解決の有力な候補だ。

　太陽光エネルギー計画を実現する基本技術は、すでにある程度完成している。この計画で最大の障害となっているのが価格である。現在、太陽光発電による電力価格は、約30円/kWhであり、火力発電・原子力発電による7円/kWhの4倍である。この太陽電池の電力価格を低下させ、グリッドパリティを実現しなければならない。そのため現在の単結晶シリコン（Si）太陽電池のコストを大きく低下させることが重要だ。単結晶Si太陽電池のコストを下げるために、多結晶Si太陽電池、薄膜Si太陽電池、CuInSe2系太陽電池、TiO$_2$系色素増感太陽電池、そして有機系薄膜太陽電池など、さまざまな太陽電池が研究・開発されている。

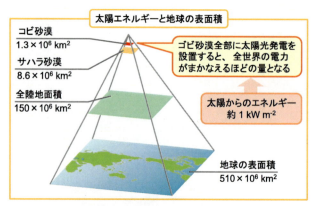

★　太陽電池と面積（NEDOホームページより）

酸化チタン（TiO$_2$）－色素増感太陽電池

　酸化チタン（TiO$_2$）は、色素増感太陽電池や光触媒として最近注目を集めている。酸化チタンには、3種類の構造がある。図に示す、ルチル型、アナターゼ型、ブルッカイト型である。それぞれ、原子の並び方が微妙に異なる。光触媒作用があるのはアナターゼ型であり、化粧品には主にルチル型が使われている。また最近では、酸化チタンのナノチューブ構造も作られている。

　チタンは、軽くてかたい金属で、めがねのフレームやテニスラケット、航空機の部品などに使われている。そのチタンに酸素が結びついた酸化チタンは、太陽や蛍光灯などの紫外光をあてると、その光のエネルギーで、強力な酸化力により周囲のさまざまな物質を酸化することができる。しかも、酸化チタン自身は変化しないので、ずっと使うことができる。

　TiO$_2$をベースとした色素増感太陽電池は、従来のシリコン系太陽電池より環境にやさしく、作製コストがシリコン系太陽電池と比較すると1/10以下であるため、研究・開発が活発に行われている。

　色素増感太陽電池のエネルギーレベル図の一例を示す。導電性基板であるFTO側から光が入射し、その光エネルギーを有機色素が吸収し、励起された電子はTiO$_2$に移動し、ホールはAu電極側に移動する。エネルギーの吸収により酸化された色素は、ヨウ素イオンによって還元され、再び光を吸収できる状態に戻る。

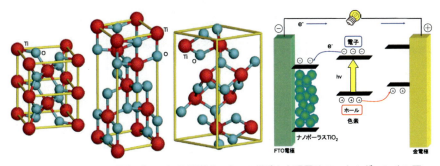

★　ルチル型、アナターゼ型、ブルッカイト型酸化チタンの構造と太陽電池のエネルギーレベル図

酸化チタン（TiO$_2$）－光触媒

　酸化チタンは、電気を流さずに水分解が可能な光触媒としても期待されている。水中に酸化チタンを入れて、酸化チタンのエネルギーギャップよりエネルギーの大

きな紫外光（波長380 nm以下）を当てると、水が酸素と水素に分離する。酸化チタン自体は全く分解しないで、水素気体が得られるので、エネルギー材料としても期待される。また、環境を汚染する有害物質を分解したり、殺菌作用もある。しかも酸化チタン自身は何も変化しないので、半永久的に使える。活性炭のような吸着剤の場合は、表面にどんどんいろんな物質が吸着して、時間がたつと使えなくなるが、そういう心配もない。そのため、さまざまな環境に調和した、水や空気をきれいにする環境浄化材料として、注目をあつめている。

具体的には、自動車の排気ガスに含まれる、有害な窒素酸化物を分解して無害なものにしたり、汚れを分解してきれいにする。工業排水や、環境汚染されている水の中の有害物質を分解する作用もある。ただ大量の分解には向いていない。また、海に漏れ出したオイルを分解する効果も報告されている。

メカニズムは図に示すように、酸化力の高いヒドロキシラジカル（OH）ができ、これでさまざまな有機物を分解する。そのため建築材料としても使われている。通常、屋根や壁には、時間がたつにつれて、自動車の排気ガスなどの、さまざまな汚れがついてくる。この汚れが太陽にあたると、自動的に分解する。しかも、雨が降れば、その分解物は洗い流される。自動的にクリーニングされるのである。

病院などでも壁や床に使えば、病院内の殺菌もできるし、病院特有のにおいも分解するので、消臭効果もある。また、白色である酸化チタンの微粒子は、紫外線を反射する化粧品としても使われている。もっと身近なところでは、歯磨き粉の安定剤として使われている。

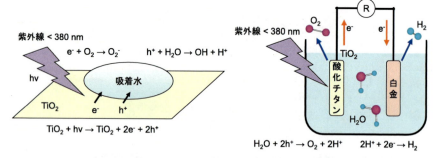

★ 酸化チタンの触媒作用、h$^+$はホールというプラスの電荷．酸化チタンによる水の分解

フォトニックフラクタル―光を保存！？

電気は「電池」に保存しておくことができる。それでは光は保存できるのだろうか？　最近、酸化チタンを使って、光の一種である電磁波を保存する「光池」が作ら

れた。電磁波を、フォトニックフラクタルとよばれる穴のあいた3 cm弱の立方体に閉じ込めたのである。

　フラクタルとは、自己相似図形であり、自分を小さくしたものがそっくりそのまま自分の中に入っているような図形である。図にフラクタル図形の例を示す。自然界にも、人間の体の血管がだんだん細く分かれていく様子や、海岸線のぎざぎざがだんだん細かくなっていく様子などがある。

　図のフラクタル構造のうち、立体的なメンガーのスポンジという、細部の構造と全体の構造が自己相似形になっている穴あき構造がある。これを、誘電体である酸化チタン系の微粒子をエポキシ樹脂にまぜて、信州大、大阪大、物質・材料研究機構の共同研究グループが作り、電磁波を入れたところ、1千万分の1秒、内部にとどめることに成功した。現在はまばたきする時間より短いが、うまく設計すれば、目に見える可視光もためられるという。

　もし可視光の「光池」をつくることができれば、昼間のうちに光をためておいて夜にとりだすこともできる。また、光コンピューターの部品に使ったり、空中に無数に飛んでいる電磁波をためて電源に利用する携帯電話なども期待される。

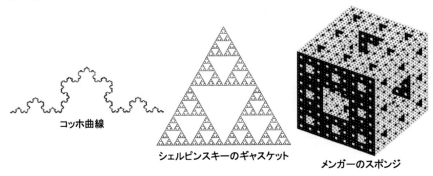

★　一次元、二次元、三次元フラクタル図形

ジルコニア―宝石から燃料電池まで

　見た目はダイヤモンドそっくりである。ダイヤモンドがあれだけきらきらと輝いているのは、光の屈折率が高い物質だからであるが、ジルコニア（二酸化ジルコニウム）も、ダイヤモンドに近い屈折率をもつ。

　しかもジルコニアは、さまざまな元素をいれることで、色を青、緑、オレンジ、ピンク、赤まで自由に変えることができる。また、ダイヤモンドよりはるかに大きい結晶が安く作れるので、宝石としても使われ始めている。

第4章 エネルギー材料

　ジルコニアは、温度の上昇とともに、単斜晶、正方晶、立方晶の構造に変化する。温度によって構造が変化しやすいので、イットリウム酸化物などを添加して、高温で安定な立方晶（キュービック）構造が変わらないようにする。これを安定化ジルコニア、またはキュービックジルコニア（CZ）といい、イットリウムを添加したものをYSZという。ジルコニアは、硬く粘り強く高温でも安定なので、セラミックナイフやはさみ、耐熱性材料などにも使われている。また、高温で固体電解質となるので、燃料電池の材料として広く研究されてきた。

　燃料電池とは、水素と酸素をいれると電気化学反応がおきて、水と電流がでてくる装置である（$2H_2 + O_2 \rightarrow 2H_2O + e^-$）。水の電気分解では、水に電流を流すと酸素と水素がでてくるので（$2H_2O + e^- \rightarrow 2H_2 + O_2$）、ちょうどそれを逆にしたのが燃料電池である。電池というよりも発電機といったほうがいいだろう。また、この反応をみてもわかるように、無公害のクリーンなエネルギーである。

　燃料電池には、固体電解質燃料電池と固体高分子型燃料電池の2種類があり、固体電解質型の代表がジルコニアであり、固体高分子型の代表が最近話題のカーボンナノホーンである。固体電解質とは、固体の中をイオンが移動することで電気が流れる物質で、ジルコニアの場合、酸素イオン（O_2^-）が動くことで電流が流れる。

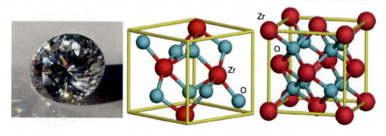

★ ジルコニア宝石（http://ja.wikipedia.org）と単斜晶および立方晶ジルコニアの構造

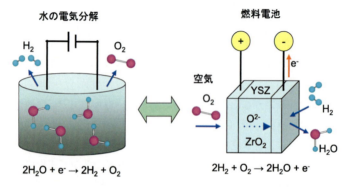

★ 水の電気分解（左）と燃料電池（右）の比較

火力発電や原子力発電などでは、原料から発生した熱で水を沸騰させ、その水蒸気でタービンをまわして電気をおこすので、エネルギー変換効率が35％くらいである。一方、ジルコニアを使った燃料電池は、化学反応で直接電気が発生するので、エネルギー変換効率が50％以上と高い。この電池は900〜1000℃の温度で電気が生み出される。家庭用など小型の発電機としての可能性もある。

ゼオライト－ナノ空孔からガソリンを

　ゼオライトは、1ナノメートルぐらいの空孔が規則的に並んでいる、ケイ素、アルミニウム、酸素をベースとする結晶の総称で、150種以上が知られている。天然の鉱石の中にあるが、空孔の中に水が入っており、鉱石を加熱すると沸騰するように見えるので、日本語では沸石と呼ばれている。加熱で水がでていっても、ゼオライトの空孔構造は保たれて、その空孔に再びガスや水分を吸い込む。最近では、人工的にさまざまなゼオライトが合成され、この規則的にならんだ空孔を利用して、触媒、分子ふるい、吸着材、イオン交換材として使われている。

　モービル社が開発したZSM-5というゼオライトは、メタノールからガソリンを合成できる。空孔の中に入った分子が、反応する触媒としてはたらく。メタンガスがとれるニュージーランドでは、ZSM-5でガソリンの合成を行っている。また、車の排気ガスの有害な窒素酸化物をとりのぞく触媒として研究されている。

　分子のサイズが、ゼオライトの空孔より小さいものだけが吸着できる分子ふるい効果がある。また、ゼオライトの空孔に水分子を吸い込んだり出したりして、湿度を調節できるので、壁紙などにも使われる。水分子だけでなく、シックハウスの原因となるホルムアルデヒドなども吸着する。さらに、ダイオキシンなど有毒ガスの吸着、汚水処理や土壌改良剤など、大地・水・空気の浄化にさまざまな形で使われている。

　ゼオライト結晶のケイ素の一部が、アルミニウムにおきかえられているので、陽イオンが足りなくなり、外側からナトリウム、カリウム、カルシウムなどの陽イオンをとりこむ。たとえば洗濯機の中で汗に含まれるカルシウム（Ca^{2+}）が洗剤の性能を弱めるが、ナトリウム（Na^+）のはいったゼオライトを洗剤に加えると、ナトリウムからカルシウムのイオン交換となり、洗剤が使えるようになる。他にも、カリウムをある個数いれると磁性がでてくるなど、新しい機能が研究されている。

　次図は、ゼオライトY結晶（$[Na_{48}][Al_{48}Si_{144}O_{384}]$）の[110]および[111]入射電子顕微鏡写真である。とくに図(a)では、ゼオライトの特徴である1.3 nm程度の空隙が白色の丸としてはっきりと観察されている。このナノメートル空間は、Si原子36個、Al原

子12個、酸素原子96個からなる、スーパーケージからできている。この空間が1.3 nm程度の間隔で約0.7 nmの窓を持ち三次元に配列している。この窓からは異種元素やクラスターが出入りすることができ、フラーレンなどの導入も試みられ、新しい構造と物性を持つ物質設計が期待される。

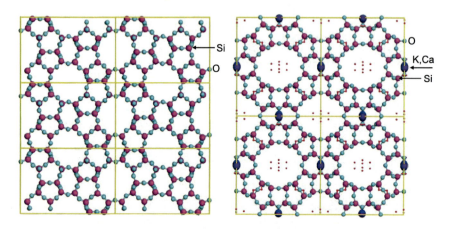

★ ZSM-5とモルデナイトの構造

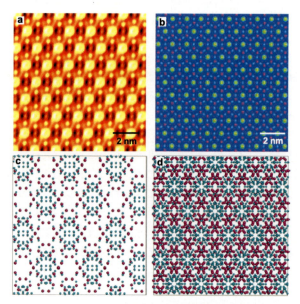

★ ゼオライト-Yの電子顕微鏡写真(a,b)と構造モデル(c,d)

身の回りのホウ素－植物から原子炉まで

　ホウ素は、植物に必要な元素の一つで、大部分が細胞壁にある。細胞壁の合成・維持、糖の膜輸送、核酸合成などに関係しているようである。また人間では、骨を作るのに必要なビタミンDを活性化する微量元素で、骨粗しょう症予防のためのサプリメントとして販売されている。りんご、梨、桃、ぶどうなどの果物に含まれている。

　原子炉の中では、ウランやプルトニウム元素が核分裂し、中性子が多数発生し、さらにウランに衝突し核分裂し、連鎖反応が起こり危険な状態になる。そこで中性子を吸収するホウ素を制御棒として使っている。ホウ素の化合物を腫瘍などに注入して、原子炉から出てくる中性子をあてるとα線と呼ばれる放射線がでてくるので、それで腫瘍を治療する医療の方法もある。

　1976年には、アメリカのリプスコムが、ボラン（ホウ素に水素がついたもの）の構造に関する研究で、ノーベル化学賞を受賞した。1979年にはブラウンが、ボランの反応の研究で、ノーベル化学賞を受賞している。ボランは爆発性をもち、燃えると炭化水素よりも大きなエネルギーがでてくるため、ロケット燃料につかわれている。鉄とネオジウムの合金にホウ素を加えると強力な磁石になったり、ガラスにホウ素を加えると、硬くて耐熱性のある加熱器具となる。

ホウ素（B）の正20面体構造

　ホウ素（ボロン：B）には、α型菱面体晶とβ型菱面体晶、そして正方晶型の3つの構造がある。いずれも、ホウ素原子が12個集まった正二十面体のB_{12}クラスターが基本になっていて、それらがさまざまな形で配列する。正二十面体構造は、プラトンの正多面体にあらわれる構造である。単体元素では半導体で、ダイヤモンドの次に硬い。通常ホウ素というと、β型をさすことが多い。

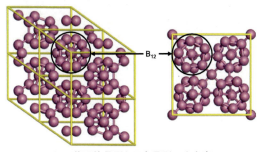

★ α菱面体晶型と正方晶型のホウ素

特にβ型は、B_{84} 構造を基本とするユニークな構造である。B_{84} は図に示すように、中心に B_{12} が存在し、外側にさらに大きな B_{12} がある。その 12 個の B 原子のそれぞれが一番外側の B_{60} クラスターと結合している。B_{60} は、フラーレン C_{60} と同じサッカーボール構造である。B_{60} は、孤立した C_{60} 分子とは違って、クラスター固体という、固体中に存在するかご型のケージ構造である。

次図は、B_{84} の 5 回、3 回、2 回回転対称軸の方向からみたモデルである。正 20 面体は、5 回、3 回、2 回対称性をもっているので、このように見る方向によって構造の見え方が変わる。

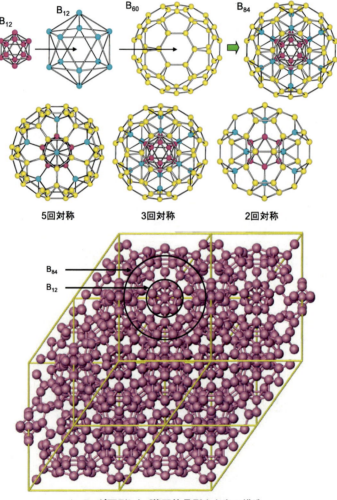

★ B_{84} が配列したβ菱面体晶型ホウ素の構造

次の写真は、この B_{84} クラスターが配列している電子顕微鏡写真である。ホウ素原子が多数集まっているところは、暗いコントラストを示している。ホウ素は原子番号が 5 番で非常に小さいので、電子顕微鏡でホウ素原子 1 個 1 個を直接見ることは難しい。しかし、B_{84} クラスターが美しい曼荼羅模様に配列しているのを直接見ることができる。また、この構造に、微量のアルミニウムと銅の原子をドーピングしてあり、そこも暗いコントラストを示している。

ドーピングとは、結晶にごく微量の原子を入れてやることで、ドーピング原子は、微量にもかかわらず、もとの結晶の構造や性質を大きく変化させる。この場合は、ホウ素に比べて 4%ほどの微量の金属をいれると、半導体の特性に大きな変化があらわれ、熱を電気に変換する熱電材料としても注目される。

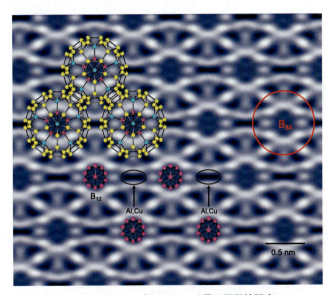

★ B_{84}クラスターが配列している電子顕微鏡写真

スーパー正20面体

ホウ素に、イットリウム（Y）を1.8%入れてやると、構造は菱面体晶から立方晶に変化して、B_{156}クラスターが新たに形成する。B_{156}クラスターは、B_{12}クラスターがあたかも1個の原子のように単位となって12個集まって正20面体をかたちづくり、その中心に1個のB_{12}が存在する、合計13個の正20面体B_{12}を持つ、スーパー正20面体$(B_{12})_{13}$である。このクラスターは12×13＝156個のホウ素原子からなる巨大クラスターである。

第4章 エネルギー材料

　次の電子顕微鏡写真では、スーパー正20面体B_{156}が並んでいる様子と、Y原子の位置がはっきりと写し出されている。YB_{56}は、原子物理学から医療まで幅広く使用される、波長が長い軟X線をコントロールする材料として開発された。

　B_{84}とB_{156}の写真では、ホウ素原子がとくに集中しているところは、暗いコントラストを示している。またBクラスターの間にあるAl、Cu、Yなどのドーピング原子を直接見ることができる。これらの金属原子はクラスターの性質に大きな影響を与えるので、その原子位置を決定することは非常に重要である。このようなB_{84}、B_{156}のような美しいクラスターが三次元的に曼荼羅模様に配列している様子は、まさに芸術的であり、自然の玄妙さが感じられる。

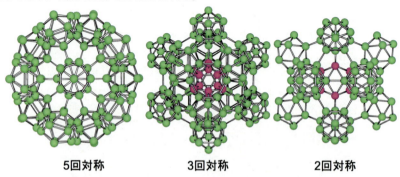

5回対称　　　　3回対称　　　　2回対称

★ YB_{56}とスーパー正20面体$B_{156}＝(B_{12})_{13}$の3方向から見たモデル

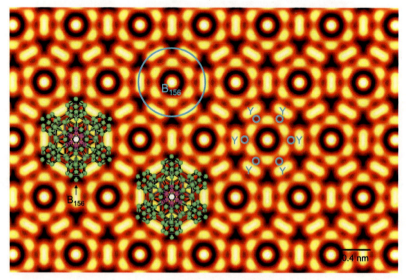

★ B_{156}とY原子の電子顕微鏡写真

第4章　エネルギー材料

 ## 炭化ホウ素（B₁₃C₂）－原子炉の制御

　α型ホウ素の結晶にはすきまがあり、そこに炭素原子とホウ素原子が入り込んだのが、炭化ホウ素（B₁₃C₂）である。B₄Cとかかれることも多いが実際の組成はB₁₃C₂である。炭化ホウ素は、ダイヤモンド、立方晶BNの次に硬い物質であり、高硬度材料として使われる。また、原子炉の制御棒でホウ素を使うときは、この炭化ホウ素の形で使われる。

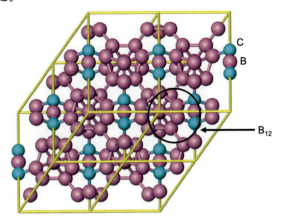

★ 炭化ホウ素（B₁₃C₂）のモデル

 ## パラジウム－水素吸蔵

　太陽光発電以外の可能性としては、太陽が輝いている原理である$E=mc^2$を利用した核融合発電があり、究極のエネルギー源と言えそうだ。燃料も海水中にほぼ無限に含まれる重水素・三重水素で核分裂のような高放射性廃棄物を出さない。現在フランスにおいて国際熱核融合実験炉の建設が始まり、2019年に運転開始の予定であるが、最も重要なプラズマ核融合制御技術は未だ完成していない。また、工学的にも多くの問題を抱え、莫大な費用を必要とする。

　通常のプラズマ核融合以外に、ミューオン触媒核融合が古くから知られている。また固体や液体中で核融合が生じる凝集系核融合が報告され、注目を集めている。例えば、タンタル酸リチウム（LiTaO₃）による焦電効果によって加速電場を作り、イオン化した重水素原子をターゲット（重水素化エルビウム、ErD₂）に向けて加速させ、衝突させることで核融合が生じたという報告がある。また、超音波キャビテーションによって気泡内が高温・高圧になることで核融合が生じるという研究も報

53

告されている。さらに、パラジウム（Pd）ナノ粒子に重水素を吸蔵させたあと、レーザーを照射し、核融合を起こさせる研究も現在進められている。図にPdDの構造モデルを示す。面心立方（fcc）構造のすきまに、四面体位置（T-site）、八面体位置（O-site）があり、重水素は八面体位置（図中O-site）に吸蔵される。この金属内における凝集系核融合反応のメカニズムとして重水素がT-siteに配置した場合の正四面体凝縮モデルなども提案されている。

水素吸蔵材料としてさまざまな合金が開発されており、固溶型と化学結合型の二つがある。固溶型は、固体結晶構造中に水素の入る空隙に水素原子が侵入型固溶し、ある程度動くことが可能である。化学的結合型では、マグネシウム水素化物（MgH_2）のように安定な化学結合をしている。水素吸蔵合金中は、気体と比較して非常に高い水素充填密度を実現でき、水素放出が比較的ゆっくりなので、急激な水素放出による事故も防止できる。

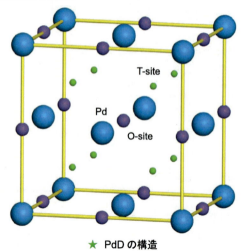

★ PdD の構造

銅酸化物－光電変換材料

銅の酸化物は、図に示すように、主に CuO と Cu_2O の二種類が知られていて、それぞれ黒色、赤茶色をしている。銅酸化物半導体は、現在の Si 系太陽電池に代わる低コストの次世代太陽電池材料の一候補である。それぞれのエネルギーギャップが 1.5 eV、2.0 eV と、太陽光スペクトルに近く太陽電池に適している。またこれら銅酸化物半導体は、直接遷移型のバンド構造を有し光吸収係数が大きく、効率的に太陽光を吸収できるという利点がある。銅酸化物は、液体原料から電析法により簡単な

作製プロセスで、還元電圧や酸化電圧コントロールすることで、半導体 p 型・n 型を制御した大面積での半導体薄膜を形成できるので、次世代の太陽電池材料として、研究が進められている。

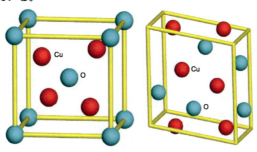

★ Cu_2O、CuO の構造

ペロブスカイト系太陽電池材料

2013年7月にスイスのグレッツェルらにより、ペロブスカイト構造をもつ$CH_3NH_3PbI_3$において、15%という光発電効率が発表され世界中で話題となった。もともとは宮坂らが2009年に初めて太陽電池に適用したものである。有機薄膜太陽電池の全固体型薄膜形成プロセスによる有機ヘテロ接合と、色素増感型太陽電池の多孔質金属酸化物を半導体として使用する構造を組み合わせ、有機薄膜太陽電池より高い変換効率と色素増感型太陽電池より高い耐久性を同時に得たのだ。さらに有機－無機複合材料であるペロブスカイト構造を持つ色素を用いることで、有機系太陽電池の中では最も高い変換効率22%を達成している。

この物質は図に示すように、57℃以上で立方晶構造、室温で正方晶構造、－112℃で斜方晶構造に相転移する。この有機－無機ハイブリッド型太陽電池では、ペロブスカイト構造を持つ正方晶$CH_3NH_3PbI_3$が用いられている。$CH_3NH_3PbI_3$は、バンドギャップ1.55 eV（800 nm）であり、可視光を効率よく吸収することができ、また伝導帯がTiO_2の伝導帯より0.1 eVほど高く、電子が効率よく移動できる。また、ヨウ素原子位置にClをドープすることで、1 μm以上という非常に大きな電荷移動拡散距離が報告されており、従来の有機系半導体の100 nm程度と比較しても非常に伝導性が高い。さらにn型、p型両方の特性を持つ可能性も指摘されており、幅広い特性をもつ。合成プロセスも、短時間での溶液塗布で薄膜形成可能であり、光発電に加えp型半導体としても機能するなどの利点がある。ここ数年で急激に効率が上昇してお

り、既にアモルファス太陽電池よりも効率が高くなり、製造コストも低下可能であり、今後の研究開発が期待される。

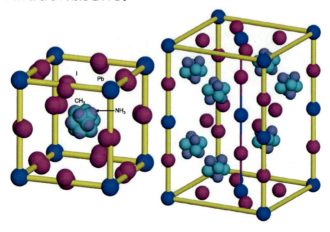

★ $CH_3NH_3PbI_3$の立方晶及び斜方晶構造

● リチウムイオン電池

　リチウムイオン電池は、非水電解質二次電池（蓄電池）の一種で、電解質中のリチウムイオンが電気伝導を担う二次電池である。正極にリチウム金属酸化物$LiCoO_2$を用い、負極にグラファイトなどを用いるものが主流となっている。リチウムイオン電池は、非水系の電解液を使用するため、水の電気分解電圧を超える4 Vという高い電圧によって、高容量が得られエネルギー密度が高い。正極自体がリチウムを含み、負極のグラファイト材料は、リチウムを吸蔵するため、金属リチウムは本質的に電池中に存在しないので安全である。電解液に水溶液を使用しないため氷点下の環境でも使用できる。現在では、ノートパソコンや携帯電話に加えて、自動車用の動力源としても研究開発が進められている。

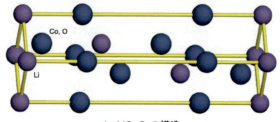

★ $LiCoO_2$の構造

第5章

超伝導

超伝導とは何か

　超伝導と聞くと、まず最初に思い浮かぶのは、磁気浮上式リニアモーターカーであろう。2037年に中央新幹線で計画されているリニアモーターカーは、東京から大阪まで約1時間という高速で走るのだ。

　超伝導には、大きな特徴が二つある。まず、電気抵抗がゼロになり、永久電流と呼ばれる電流がずっと流れ続けることだ。普通は、どんな電線・銅線でも電気抵抗があり、長い距離電流を流すと、だんだん電流が弱くなってしまいには消えてしまう。ところが超伝導では電気抵抗がゼロなので、一旦電流を流せば永久に消えずに、外から電力を供給しなくてもいいのだ。まるで夢のような話である。

　二つ目の特徴は、超伝導になっている物質には、磁力線が入りにくいというマイスナー効果という性質だ。そこで磁力線が出ている磁石をおいておけば、超伝導物質では磁力線が入りにくいので、浮き上がることになるわけだ。

超伝導の発見とノーベル賞

　金属には電気抵抗があり、温度が下がると抵抗が小さくなる。温度には日常で使う摂氏（℃）と絶対温度（K：ケルビン）がある。金属などを絶対0度（−273 ℃）という非常に低い温度に下げていったらどうなるのか。オランダの物理学者であるカマリン・オンネスは、1911年に水銀の温度を下げながら、電気抵抗を測っていった。すると絶対温度4.2 K（−269 ℃）で突然、電気抵抗が 0 になってしまったのだ。これが超伝導の発見で、オンネスは1913年にノーベル物理学賞を受賞した。

　超伝導に関わるノーベル物理学賞は他にも多数ある。超伝導を理論的に解明しBCS理論をうちたてた、バーディーン、クーパー、シュリーファーが1972年に、ジョセフソン効果の理論的予測でジョセフソンが1973年に、ド・ジャンヌが超伝導磁性材料の相転移現象の数学的研究で1991年に、超伝導理論に関する先駆的貢献で、アブリコソフ、ギンツブルク、レゲットが2003年に、それぞれ受賞している。今後は、室温超伝導に対してノーベル賞が期待され、様々な研究が展開されている。

高温超伝導酸化物の発見

　オンネスが水銀で超伝導を発見して以来、様々な超伝導体が発見されてきた。当時最も高かったのが、1973年に発見されたNb$_3$Geで、超伝導転移温度（T_C）が23 Kであった。T_Cが低いと冷却コストもかかるので、できるだけT_Cが高い方がいい。その

後、T_Cの高い物質の探索が続けられたが、13年間全く発見されなかった。そしてノーベル賞となったBCS理論でも、超伝導は30 K以下のみという予測もあり、悲観的な状況にあった。ところが、それを打ち破る驚異的なできごとが起きた。1985年、スイスのIBMチューリッヒ研究所において、ジョージ・ベドノルツは、アレックス・ミューラーのもとで強誘電体の研究を行っていた。あるときベドノルツは、LaBaCuO系酸化物が液体窒素温度まで金属になるという論文を読み、実際に作成し測定すると、30 Kぐらいから抵抗が下がり始め、10 K以下で抵抗がゼロになった。

しかし、IBMの内部においても、このデータが超伝導であるということを信じてもらえなかった。彼らはとりあえず1986年4月に、ドイツの学術雑誌に「高温超伝導の可能性」という論文を発表した。この高温という意味は、それまでの超伝導と比較した場合の「高温」という意味である。実際には、−240 ℃くらいから−140 ℃くらいで、日常生活から比べるとかなりの低温なのであるが、従来の超伝導体と比べれば、とてつもない高温なのである。しばらくは大きな反響はなかったが、東京大学で1986年11月に追試を行い本物であることが判明し、12月のアメリカの学会でそれが発表され、世界中が大騒ぎになり大フィーバーが起こった。そして論文発表から1年後の1987年には、ベドノルツとミューラーが、ノーベル物理学賞を受賞した。

さらに1988年には、110 K及び125 Kで超伝導を示すBi(ビスマス)系及びTl(タリウム)系超伝導体が発見され、1993年には現在世界最高の超伝導転移温度(T_C)を有するHg(水銀)系銅酸化物(T_C = 135 K、高圧下では160 K)が発見されている。その後、T_Cの上昇はみられないが、B(ホウ素)系化合物やフラーレン化合物にも高温超伝導が発見され、新たなフィーバーとなっている。

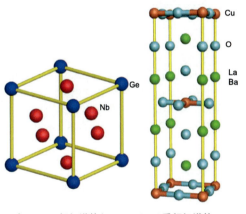

★ Nb₃Ge超伝導体とLa-Ba-Cu-O系超伝導体

● 高温超伝導酸化物の特徴

なぜこれほどまでに、世界中で大フィーバーとなったのか、理由は3つある。

まず、従来の超伝導体(〜20 K)よりかなり高温の、90 K、120Kレベルの超伝導酸化物が次々と発見されたことである。このくらいTcが高いと、77 Kの温度をもつ

液体窒素で超伝導になる。従来は、液体ヘリウム（4.2 K、1リットル1000円）で冷却していたが、液体窒素は原料の窒素が空気中に80％も含まれていて、コストが1/20以下と安く（1リットル50円）取り扱いも容易である。応用や実用化を考えれば、断然、液体窒素の方が有利である。

第二は、ノーベル賞となったBCS理論によれば超伝導の上限温度は、30 K程度と言われていたのに、一気にそれを抜き去ってしまったからである。そのため、新しい超伝導の理論を作ろうとする動きも活発になった。

第三は、非常に簡単に作れることである。筆者も大学院時代に作っていたが、粉をまぜて焼くだけである。誰でも簡単に作れる。

このようなフィーバーを経て、現在はJR東海のリニアモーターカーにも、超伝導酸化物が使われるようになった。他にも身近な応用として、医療用の磁気共鳴画像（MRI）に超伝導マグネットが用いられている。また将来的な核融合炉において、永久電流が流れ、強い磁場を発生できる超伝導マグネットは必要不可欠である。他にも永久電流を利用した電力貯蔵装置も考えられている。

コラム　猫もしゃくしも超伝導

ミュラーとベドノルツのノーベル賞は、発見の次の年というスピード受賞だった。当時、筆者は学部の4年生で、東北大学の金属材料研究所の研究室に配属になったばかりであった。

研究所では、20以上ある研究室のほとんどの研究室が、この超伝導フィーバーに巻き込まれていた。連日のように、新聞やテレビでこんな物質が発見されたとか、超伝導転移温度が上がったという報告があり、世界中をにぎわしていた。まさに「猫もしゃくしも超伝導」という状態だった。かくいう筆者もその猫の一人？であった。試料作成が簡単で、高価な装置もいらず、誰にでも合成できるということが大きかった。超伝導大フィーバーの頃には、サンプルを作る人手が足りず、近所のパートの主婦達を雇って作っていたというくらい簡単に作れる。当時はすべての人に「世界一」になるチャンスがあったのである。

挙句の果てには、学会発表が深夜まで続き、英文論文も審査なしで全部掲載するという、普通ではありえない「異常事態」にもなった。

科学界でこれだけの大騒ぎになることは、一生に一度あるかないかだろう。しかも発見当初は、IBM内部でも誰にも信じてもらえず、特許をのがしてしまったという逸話もある。それくらい常識はずれの大発見だったのだ。

代表的な超伝導酸化物

超伝導酸化物は、ペロブスカイトと呼ばれる基本構造を持つ。この基本構造の組み合わせで様々な構造ができる。ペロブスカイトは$CaTiO_3$（灰チタン石）であり、

ロシアのPerovskyにより発見された。ペロブスカイト型構造は、ABX_3（A、Bは陽イオン、Xは酸素などの陰イオン）の組成で表される結晶構造である。A、B、Xのイオン半径により立方晶、斜方晶、正方晶などの様々な構造ができる。

超伝導酸化物は様々なペロブスカイト型の積層構造を持ち、超伝導電流の経路は、Cu-O面であるとされている。代表的な超伝導酸化物は、超伝導転移温度T_Cが90 KのY（イットリウム）系銅酸化物と、110 KのBi（ビスマス）系銅酸化物である。図に示すように、Cu-O平面方向に、超伝導電流が流れることが知られている。

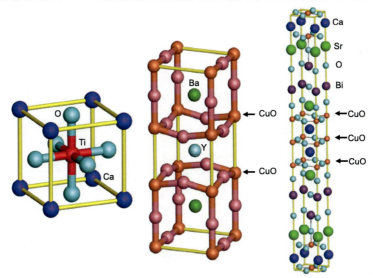

★ ペロブスカイト（$CaTiO_3$）、$YBa_2Cu_3O_{6.5}$、$Bi_2Sr_2Ca_2Cu_3O_{10}$の構造モデル

超伝導のメカニズム

超伝導では、電気抵抗がゼロになる。どのようにして電気抵抗がゼロになるのだろうか。普通の金属では、電子は自由にばらばらに動いている。ところが、超伝導状態では、2個の電子がペアになって運動する。これをクーパー対と呼ぶ。このとき、2個の電子の回転の向きであるスピンがそれぞれ、反対になっている（反平行スピン）。普通に考えると、電子はマイナスの電荷をもっているので、マイナス同士になって反発するはずである。それがペアになるというのは、お互いを結びつける引力がはたらくからである。この引力をつくりだしているのは、原子がつくる結晶格子の振動であり、フォノンと呼ばれる。

電子のペアである電子対は、ある程度距離が離れてもちゃんとペアになっている。

その距離をコヒーレンス長という。コヒーレンスとは、複数の電子や光子が、すべて同じ量子状態をもっていて、あたかもひとつのようにふるまうことで、量子力学の特徴的な現象である。コヒーレンス長は、T_Cで、長さが無限大になり、永久電流が流れる。超伝導酸化物のコヒーレンス長は、Cu-O 層に垂直な方向（c 軸方向）に 0.3 nm 以下と大変短く、ほとんど電流が流れない。Cu-O 層に平行な方向には、数 nm 程度である。このような、超伝導の種のようなクーパー対は、室温付近から見え始めるという報告もある。

また、超伝導酸化物が従来の超伝導体と大きく違う点がある。それは、流れる電流のもととなるのが、ホールと呼ばれるプラスの電荷であることである。普通は、マイナスの電荷をもつ「電子」が電流を運んでいるのであるが、超伝導酸化物では、プラスの電荷が電流を運んでいることが多い。これは物質によって異なることが知られている。

また金属にはエネルギーギャップがなく電流が流れるが、半導体に存在するエネルギーギャップが、超伝導にも存在する。このギャップは非常に小さいものであり、そのエネルギーは、クーパー対を壊すのに必要なエネルギーである。

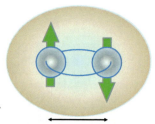

★ クーパー対の模式図

● タリウム系超伝導酸化物の積層構造

　様々な超伝導酸化物の理論を構築し、実用材料を開発するためには、超伝導体の結晶構造（原子配列）を知ることが必要になる。実際の超伝導体中には、様々な界面、欠陥などが存在して、そのような微細構造が超伝導の特性に与える影響は非常に大きい。高温超伝導酸化物は、Hg、Tl、Bi、Pb などの重原子層が 1 層または 2 層からなるものが多い。そして、この重原子層に加えて、Cu-O 面の数層の組み合わせで、様々な構造ができる。

　具体例として、Tl系超伝導酸化物を見てみよう。Tl系超伝導酸化物は、Hg系についで、現在世界最高のTcを持つ超伝導体である。表に示すように、Tl層が1層または2層が基本となり、Cu-O面が1〜5層までの組み合わせがある。Tl系超伝導酸化物の場合、Tl（タリウム）、Ba（バリウム）、Ca（カルシウム）、Cu（銅）、O（酸素）からなるが、TlBaCaCuの順番で、Tl1234とかTl2223などのように、組成を略称で言うことも多い。T_Cをみるとわかるように、層が増えていくとT_Cも上がっていく。ただあるところで、臨界点があり、その後は減少する。

★ 構造と超伝導転移温度との関係

Tl層	Cu層	T_C (K)	組成	略称
1	1	0	$TlSr_2CuO_5$	Tl1201
	2	70	$TlBa_2CaCu_2O_7$	Tl1212
	3	107	$TlBa_2Ca_2Cu_3O_9$	Tl1223
	4	123	$TlBa_2Ca_3Cu_4O_{11}$	Tl1234
	5	101	$TlBa_2Ca_4Cu_5O_{11}$	Tl1245
2	1	80	$Tl_2Ba_2CuO_6$	Tl2201
	2	114	$Tl_2Ba_2CaCu_2O_8$	Tl2212
	3	122	$Tl_2Ba_2Ca_2Cu_3O_{10}$	Tl2223
	4	112	$Tl_2Ba_2Ca_3Cu_4O_{12}$	Tl2234

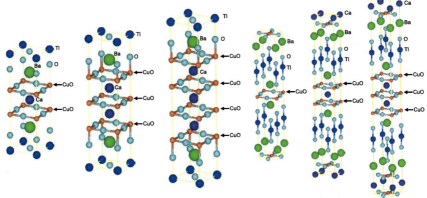

★ Tl1212、Tl1223、Tl1234、Tl2201、Tl2212、Tl2223のモデル

図は$TlBa_2Ca_3Cu_4O_{11}$の電子顕微鏡像である。この写真の中には、Tl層に1層および2層のところが、Cu層に3層、4層のところがある。Tl系においては、このような積層が乱れたところが存在することが、見出されている。このような構造により、超伝導のT_Cが大きく変化するため、酸化物の積層構造のコントロールが非常に重要なのである。

★ $TlBa_2Ca_3Cu_4O_{11}$の高分解能電子顕微鏡による原子像

第5章　超伝導

超伝導デバイス

　超伝導を利用した、デバイス（素子）の開発もさかんである。ここではジョセフソン接合と超伝導トランジスタを紹介する。

　ジョセフソン接合は、薄い絶縁体を2つの超伝導体ではさんだ接合である。超伝導体の間に絶縁体があるので、普通に考えれば電流が流れない。しかし、絶縁層がナノメートルレベルまで薄くなると、超伝導の電子対（クーパーペア）が、トンネル効果と呼ばれる現象で、絶縁体を通り抜け電流が流れる。ジョセフソン効果を利用したジョセフソン素子は、高感度の電磁波の検出器、標準電圧発生装置、超高速の低消費電力コンピューター回路素子などの応用が注目されている。

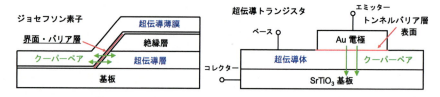

★　ジョセフソン素子と超伝導トランジスタの断面模式図

コラム　「心」と「宇宙」にいきつくノーベル賞

　抗体生成の遺伝的原理の研究によってノーベル生理学・医学賞を受賞した利根川進氏、半導体のトンネル効果の研究によってノーベル物理学賞を受賞した江崎玲於奈氏によれば、21世紀最大の課題は、「心・生命と宇宙の解明」とのことである。多くのノーベル賞受賞者たちとの議論の中でも、最終的には「心と宇宙」にいきつくそうだ。

　以前筆者は、イギリスのケンブリッジ大学キャベンディッシュ研究所で研究する機会を与えられた。このキャベンディッシュ研究所は、3階建ての本当に小さな研究所であるが、今までに29人のノーベル賞受賞者を出している。日本の科学分野のノーベル賞を、すべてあわせても16人しかいないことを考えると、驚いてしまう。有名なDNAの二重らせん構造も、ここで発見された。

　そこで机を並べて、毎日筆者を指導してくれたのは、ブライアン・ジョセフソン教授である。彼は超伝導の量子論的研究により、33歳の若さでノーベル物理学賞を受賞した。そして量子論を深く研究し、生命・心との関係にまで踏み込むようになった。

　彼だけではなく、他の多くのノーベル賞受賞者達もこのような方向に進んでいる。利根川氏も現在、アメリカのマサチューセッツ工科大学で、心の解明を目指している。

　しかしこれだけ多くの優秀な研究者が取り組み、科学や文明が進んでも、「心」や「宇宙」はわからないことだらけなのだ。

ジョセフソン効果は、1962年に、当時ケンブリッジ大学の大学院生だったブライアン・ジョセフソンによって理論的に導かれた。このジョセフソン効果の理論的予言で、ジョセフソンは1973年に33才でノーベル物理学賞を受賞し、ケンブリッジ大学キャベンディッシュ研究所の永年教授になった。この後、彼は心の物理学的研究に進んでいる。

さらに超伝導トランジスタがあり、熱による雑音が小さいので、低ノイズの増幅器としての可能性がある。応用としては通信分野があり、現在でも、超伝導フィルタは、携帯電話の基地局や、高い精度の宇宙観測に使用されている。

表面・界面の原子配列

超伝導酸化物からデバイスを作る場合、その微細構造を知ることが重要になる。実際のデバイスに応用するときには、超伝導体の表面に数nm以下の絶縁層を形成し、ジョセフソン接合や超伝導トランジスタを作成しなければならない。ここで、実際の超伝導酸化物の表面や界面の原子配列を見てみよう。

図は、$TlBa_2CaCu_2O_7$の結晶の界面の電子顕微鏡像である。Tl原子の層を、図の中に白矢印で示した。次図は拡大図である。界面で層がずれて、その界面の周辺1 nmの領域の原子配列が乱れている。この原子配列の乱れのために超伝導にはならず、電気を通さない絶縁体になり、この界面はジョセフソン接合としてはたらく。

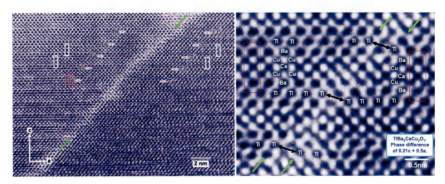

★ $TlBa_2CaCu_2O_7$の結晶の界面の電子顕微鏡像

超伝導酸化物は一般に、積層している面（c面と呼ぶ）が安定な表面構造として存在する。一例として、Tl系超伝導酸化物の表面構造を図に示す。写真の上の方が真空で、下のほうが超伝導酸化物の表面である。結晶表面にTl、およびCu層が、もとの構造を保ちながら、安定に存在しているのがわかる。

第5章 超伝導

たしかに、このような表面を超伝導デバイスの表面として使えば、原子レベルで平らな表面が作ることができる。ところが、残念なことに、超伝導電流は、この写真の縦方向（c軸とよばれる）ではなく、横方向（a軸とよばれる）に流れる。モデルのCu-O面内に流れるわけである。

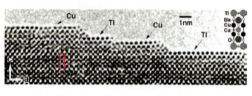

★ $TlBa_2CaCu_2O_7$の結晶の表面の電子顕微鏡像

そこで、超伝導酸化物では、積層面（c面）に垂直な面（a面と呼ばれる）を表面にしなければならない。しかも原子配列が安定なことが望まれる。次図は、Pb（鉛）系超伝導酸化物の電子顕微鏡像である。Pb原子の層を矢印で示してある。非常に変わった表面構造で、Pb層が崩壊して、(Y、Ca)層が突出している。表面の原子配列をよくみると、結晶内部の整列した原子配列とは異なった構造になっている。このように一般に、層状になった超伝導酸化物では、c面は安定な表面構造をもっているが、超伝導電流が流れようとするa面は不安定で、原子配列がかなり乱れた構造となる。場合によっては、原子レベルで平坦な表面が得られず、別の構造が形成されてしまう。こうなると超伝導デバイスとして使用するのが難しい。

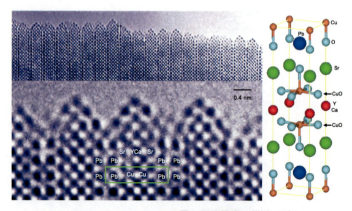

★ $Pb_2Sr_2Y_{0.5}Ca_{0.5}Cu_3O_8$の電子顕微鏡像の構造モデル

これに対し、Hg系銅酸化物のa面の表面構造を観察したところ、Ba面が原子レベルで安定に存在することが発見された。図 (a)は、a面の電子顕微鏡像である。図(b)は(a)の拡大図であり、ある特定の原子面（Ba面）が、安定に存在していることがわかる。また、矢印の位置に弱いコントラストが観察されている。表面原子のコントラストは非常に弱いので、図 (c)に (b)のコントラストを変化させたものを示す。すると、矢印の位置に酸素原子のコントラストがはっきりと黒点として観察される。酸

素原子の周囲に原子番号の大きい金属原子があると黒いコントラストを示すことが難しいが、表面では片側が真空なので、酸素原子のような軽元素でも黒いコントラストを示す。

　この観察から得られた表面の原子配列モデルが図(d)である。このモデルでは、Hg層の酸素原子が表面方向に原子が移動したモデルとなっている。このモデルをもとに計算した計算像（図e）は、実際の観察像とよい一致を示している。従来の高温超伝導酸化物では、積層のc面は安定に存在するが、それに垂直なa面は不安定で、原子配列の乱れなどを生じる。この結果は、Hg系銅酸化物を用いれば、超伝導電流の流れる方向に、表面・界面構造を原子レベルで安定に形成でき、ジョセフソン素子や超伝導トランジスタの作成に非常に有利であることを示している。

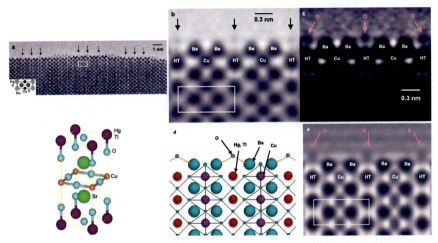

★ (a-c) $Hg_{0.5}Tl_{0.5}Ba_2CuO_5$の電子顕微鏡像、(d) 表面原子配列モデル、(e) 対応する計算像

ニホウ化マグネシウム―古くて新しい物質

　ニホウ化マグネシウム（MgB_2）超伝導体は、2001年に青山学院大学の秋光純グループにより発見され、世界中の大きな注目を集めた。MgB_2のT_Cは39 Kで、従来の金属系超伝導の限界と言われていた30 Kを越えたのだ。また、MgB_2は特殊な物質ではなく、それまでもよく知られていたごく普通に存在する物質で、超伝導になるとは誰も気づかなかったのである。

　MgB_2には大きな二つの利点がある。まず構造が簡単な金属系の超伝導材料なので、加工が簡単にでき、強度も強いものができる。超伝導酸化物はT_Cは高いが、加工が難しくもろいという欠点があるのだ。その意味で、MgB_2で線材を作成し、超伝

導ケーブルをつくるのが低コストで可能になる。第二の利点は、液体ヘリウムを使用せずに、冷凍機（20 K）で使用できる可能性があるという点である。これらの特性を活かせば、MRI用のマグネットや、核融合炉用マグネット、情報デバイスなどへの応用が期待される。

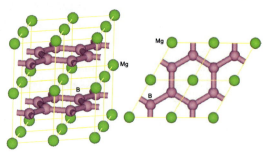

★ MgB_2の構造モデル

シリコンクラスレート―かご構造

　クラスレートとは、包接物という意味で、他の元素をかご構造の中にとりこんだ構造である。シリコンクラスレートでは、シリコン（ケイ素）のSi_{20}やSi_{24}などのかご型ケージ構造ができ、その中にバリウム（Ba）、カリウム（K）、ナトリウム（Na）などの元素が入る。ゲルマニウム（Ge）でも同様の構造ができている。

　通常のシリコンは、半導体デバイスとして広く使われていて、ダイヤモンド構造である。このシリコンクラスレート構造は、ダイヤモンド構造とはかなり異なる構造で、Si_{46}とBa_8Si_{46}の構造を図に示す。Ba_8Si_{46}では、バリウム原子が、Si_{20}とSi_{24}のケージ構造の中に入っている。このBa_8Si_{46}は、8 Kで超伝導になることが発見され、注目を集めている。また、理論計算などから、熱を電気に変える熱電変換特性や、シリコンより大きなバンドギャップをもつことが調べられている。

　同じIV属の元素の炭素でも、ダイヤモンドとフラーレン・ケージ構造があるように、シリコンでもダイヤモンド構造とクラスレート構造があることは、興味深い。

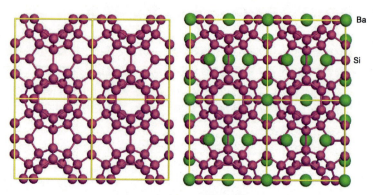

★ Si_{46}とBa_8Si_{46}の構造モデル

第6章

半導体

第6章 半導体

エネルギー問題と太陽光発電

　われわれが使っている、石油、天然ガス、ウランなどのエネルギー源は、あと数十年という限りある資源である。しかもエネルギーの消費量は、とくに先進諸国では、年々増加している。車やクーラーや暖房がないと生活できない人も多いだろう。しかし、このままの状態がいつまでも続くわけではない。またこれらの化石燃料や放射性物質を使っていると、地球温暖化など環境汚染の問題もでてくる。筆者が生きているうちはなんとかなりそうだが、筆者の子供、孫たちの代になったら、かなり大変なことになりそうだ。

　人類からみて永遠になくなりそうにないエネルギー源といえば、太陽があるだろう。太陽のエネルギーをなんとかうまく使えないだろうか。シンプルに考えれば、「地上の太陽」つまり太陽と同じ原理で熱を生み出す、「核融合炉」を作ってしまえばいい。しかし、フランスに建設が予定されている国際熱核融合実験炉も、まだまだ実用にはほど遠い。

　そこで、地球にふりそそぐ太陽の光エネルギーを使って、直接電気を作る太陽電池が一つの候補となる。太陽の光は、全世界中どこにでもあるクリーンなエネルギーだ。しかも人類がいる間はなくなりそうにもない。砂漠に設置して、超伝導ケーブルでグリッドをつくり全世界中に電気を運ぼうというアイデアもある。ゴビ砂漠全面に太陽電池を設置すれば、全世界中の電力をまかなえる。

　実際には、太陽電池を作って設置して廃棄するのに、かなりの費用がかかる。一般家庭で、太陽電池で電気を生み出して、もとをとるには10年以上かかると言われている。また昼間しか発電できないため、電力貯蔵技術が重要となる。

半導体とは

　太陽電池は、半導体でできている。金属のような電気をよく通す物質は、「導体」である。また逆に、電気をまったく通さない物質は、「絶縁体」である。半導体は、この中間の電気的性質を持つ。この性質を利用して、光から電気を生み出したり、電気信号を増幅させたり、スイッチ作用を行ったり、光を発生させたりする。

　半導体では、エネルギーギャップ（バンドギャップ）が重要となる。半導体のエネルギー図に示すように、電子が存在しているのが伝導帯と価電子帯である。この間がエネルギーギャップ（バンドギャップ）といい、電子がエネルギーをもつこと

ができない領域だ。このエネルギーギャップの大きさは、半導体の特性を大きく左右する非常に重要な値である。

半導体に、バンドギャップ以上のエネルギーをもつ光をあてると、価電子帯のマイナスの電荷を持つ電子（e-）が、光のエネルギーをもらって、エネルギーの高い伝導帯へうつる。価電子帯の電子が抜けた穴は、プラスの電荷となりホール（h+）という。このように、光があたると次々と電子とホールが生み出されて、それらが流れて電流となる。

逆に伝導体の電子が、価電子帯へ落ちてホールと結合して消滅すると、光が出てくる。実際には、pn接合というドーピング（電子またはホールをふやしたもの）を使って、効率よく発電・発光させる。

このように半導体には、光を電気に変える太陽電池や、逆に電気を光に変える発光ダイオード（LED）など、さまざまな応用がある。さらに重要なスイッチング作用や増幅作用もあり、これらはコンピューターなどに広く使われている。

太陽電池には、さまざまな種類があるが、われわれの周りで普通に見られるのは、シリコン（Si）でできたものである。宇宙衛星用に、値段は高いが、高い効率をもつガリウムヒ素（GaAs）なども使われる。

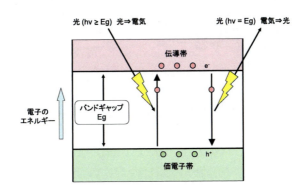

★ 半導体のエネルギーレベル図

● シリコン（Si）とゲルマニウム（Ge）

最近のコンピューターの発達は驚くばかりで、新しい機種がどんどん開発され、2、3年もすれば古い型式になってしまう。この現在のコンピューターを動かしたり、光から電気を生み出す太陽電池などの、最も中心的な半導体材料は、シリコン（Si：ケイ素）である。Siの構造を図に示す。

このSiの原子配列は、ダイヤモンド構造とまったく同じだ。ダイヤモンドとの違いは、原子が炭素（C）ではなく、すべてSiでできていることと、原子と原子の間の距離が、炭素に比べて長いことである。

現代のコンピューターに使用されている半導体は、Siが中心だ。しかし初期のトランジスタにはゲルマニウム（Ge）が使われていた。Geの構造モデルを図に示す。トランジスタは、1948年にAT&Tベル研究所の、ウォルター・ブラッテン、ジョン・バーディーン、ウィリアム・ショックレーにより発明された。彼らは、1956年のノーベル物理学賞となっている。その後、半導体の性質や工業的な問題から、Siが半導体材料の中心となっていった。最近では、Siに微量のGeを添加した、SiGe半導体も研究されている。これは、電導性が高く、消費電圧が小さく、ノイズも小さい。

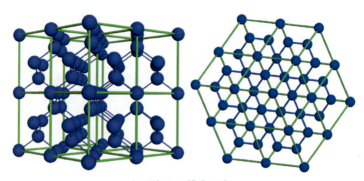

★ SiとGeの構造モデル

光のエネルギーと波長

図の周期律表でみると、14族の一番上が、C（炭素）で、2番目がSi、3番目がGeとなっている。いずれも基本的な原子の並び方は同じで、下に行くほど（CからGeになると）原子と原子の間の距離が広がっていく。

半導体は、電気を光に変えることもできる。でてくる光の色は、波長によって決まり、波長はエネルギーギャップと反比例する。つまり、エネルギーギャップが大きければ大きいほど、短い波長の光がでてくる。エネルギーが大きくなれば、赤色から紫、そして紫外光となる。発光材料としてみた場合、エネルギーギャップの大きさで、でてくる光の色が変わってくるので、半導体の選択が大切である。

SiとGeのエネルギーギャップは、それぞれ1.12 eVと0.67 eVであり、ダイヤモンドは5.5 eVである。周期表の下に行くほど、エネルギーギャップが小さくなっていく。

ちなみに、赤、青、紫色の光のエネルギーギャップは、それぞれ1.8、2.6、2.9 eV に対応する。人間の目に見える光（可視光）は、赤から紫までなので、可視光を得るには、エネルギーギャップが、1.8〜2.9 eVの範囲の半導体を選ばなければならない。SiやGeは赤外で、ダイヤモンドは紫外領域になるので、これらの半導体が発光しても、通常は人間の目には見えない。

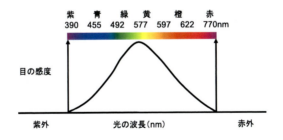

★ 元素の周期表

★ エネルギーバンドと電気伝導

● シリコン・ナノ構造の発光

通常の情報処理は、シリコンを使ったLSI（大規模集積回路）により行われている。これにレーザーなどの光エレクトロニクスを用いた技術を加えるには、Siより

も発光効率が高い別の半導体（GaAsやGaNなど）を使わなければならないので、複雑な構造となる。

　Siは間接遷移型半導体と呼ばれる、発光の効率の低い半導体で、電子のエネルギーの一部が熱に変わってしまう。一方、GaAsなどは直接遷移型半導体という、発光の効率が高い半導体で、電子のエネルギーが無駄なく光へと変わる。もしSiが高い効率で発光するようになれば、非常に単純な材料で、高度なLSIを作ることができるようになる。

　SiやGe半導体は、普通に発光させるとエネルギーのロスが多い上に、エネルギーギャップが小さすぎて、赤外光なので目に見えない。ところが、Siがある特殊なナノ構造になると、エネルギーギャップが広がって、高い効率で目に見える光がでてくることが、1990年に発見された。これは、イギリスのカンハムにより発見されたもので、SiやGeなどのナノ構造の研究が爆発的に広まった。

量子サイズ効果と量子閉じ込め効果

　この研究は二つの重要な点がある。まず一種類の元素（しかもSiは地球上に多量にある元素）でエネルギーギャップが変化できることであり、もう一つは、その値がちょうど可視光領域であるということである。

　発光には、「量子サイズ効果」と、「量子閉じ込め効果」が関わっている。電子は、マイナスの電荷をもつ粒子である。量子論によると、粒子と同時に波でもある。物質の中での、電子の波長は、およそ数十ナノメートルである。この電子の波長よりサイズを小さくしたナノ粒子やナノ構造になると、量子的な波の性質がでてくる。そして、エネルギーギャップが大きくなる効果があらわれる。これを量子サイズ効果という。

　通常、エネルギーギャップは、物質によって決まっているが、ナノ構造の大きさを変えれば、エネルギーギャップも自由に変化させることができることになる。

　また量子閉じ込め効果とは、このナノ粒子の表面を、エネルギーギャップの大きい物質（たとえば酸化物SiO2など）でおおってやると、電子の逃げ場がなくなり、電子を閉じ込めることが可能になる効果である。この結果、高い効率で発光するようになる。

　このような、量子サイズ効果や量子閉じ込め効果を可能にするのが、量子構造で、図に示すようにいくつかの構造がある。2次元的に広がった膜状のものを量子井戸（薄膜）といい、1次元になっているものを量子ワイヤ、0次元（点状）のものを量子ドットという。

第6章 半導体

量子井戸構造は、すでに半導体レーザーや発光ダイオードに使われている。また、量子ドットと呼ばれるナノ粒子は、光の粒子（フォトン）を一個ずつ出せるので、量子通信と呼ばれる新しい応用も期待される。

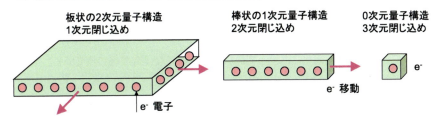

★ 量子井戸、量子細線、量子ドットの模式図

● シリコン・ゲルマニウムナノ粒子

　図(a)は、Siナノ粒子の電子顕微鏡像である。Si粒子の表面には、矢印で示したように原子配列の乱れた領域がある。これは酸素と結びついてできた、Siの薄い酸化膜である。(b)は(a)の一部の拡大像であり、矢印で示したところが双晶境界と呼ばれる鏡の関係になっている。写真の中の1個の黒丸はSi原子のペアに対応している。
図(c)は、Geナノ粒子の電子顕微鏡像であり、Siと同じように、表面に酸化膜が観察される。ナノ粒子の合成条件を変えると、この酸化膜が厚くなり、2.6 eVでの発光が観察された。Geのエネルギーギャップは、もともと0.67 eVであるから、かなり大きくなっている。図(d)は、SiまたはGeの構造モデルで、基本的な原子配列は、ダイヤモンド構造でどちらも同じである。格子の大きさがGeの方が若干大きい。
　このようなナノ粒子は、量子ドットとしてさまざまな発光デバイスも提案されている。このような方法を用いれば、さまざまな元素を使わなくても、非常に簡単な方法で、目に見える可視発光の半導体ナノ粒子を形成することができ、今後の発展が期待される。

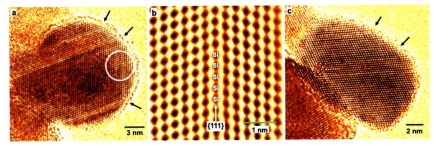

★ (a) Siナノ粒子の電子顕微鏡像　(b)(a)の一部の拡大図　(c) Geナノ粒子の電子顕微鏡像

単一電子デバイス

　量子ドットを利用すると、電子1個1個をコントロールできる、単一電子デバイス（シングルエレクトロントランジスタ：SET）を作ることができる。SETの断面図を、図に示す。
　現実には、SETは実用化には至っていないが、様々な研究が行われている。電子1個1個で情報処理を行うわけであるから、消費電力は少なく性能も高い、究極の電子素子と言ってもよいだろう。
　量子ドットの大きさは10 nm以下で、電子の波長（10 nm程度）よりも小さくなる。そうすると量子閉じ込め効果で、電子は量子ドットの中に閉じ込められる。さらに量子ドットの大きさが小さくなると、量子サイズ効果によって、エネルギーギャップが大きくなる。
　量子ドットに、いくつか電子が閉じ込められているときは、電子がお互いに反発する効果がでてくる。まず、量子ドットに1個の電子を入れてやって、その次にもう1個電子を入れてやろうとすると、すでに量子ドットの中にいる電子の反発力を受けて、ブロックされて中に入れない。これをクーロン・ブロッケードという。そこでゲート電極に、プラスの電圧を加えて、その反発力以上のエネルギーを与えれば、次の電子が入ることができる。このようにして、電子1個1個をコントロールして、さまざまな情報処理をしていくのがSETだ。将来の超小型コンピューターは、身につける形になると予想される。このSETは、小型化、省電力化の点で非常に期待できるので、今後の発展が期待される。

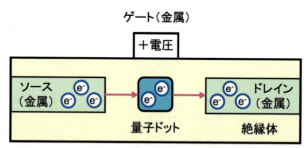

★ シングルエレクトロントランジスタの断面図

 ## ガリウムヒ素（GaAs）－電子デバイス

　ガリウムヒ素（GaAs）半導体は、Siと比べると、電子の移動度が5倍以上も速い。そのため、高速で動かすのに必要な高周波数デバイス（素子）などに応用されてい

る。また、Si よりもエネルギーギャップが大きく（1.4 eV）、高い効率で Si より短い波長の光を出すことができるので、光デバイスへ応用されている。身近なところでは、携帯電話、BS チューナー、CD を読み取るためのレーザー光源などがある。高周波機器の応用に使われる、GaAs デバイスの一例を図に示す。

　図(a)は、GaAs の電子顕微鏡像であり、(b)は(a)の一部を画像処理した後で拡大した像である。図の中の GaAs の構造モデルに示したように、Ga 原子と As 原子のペアが一つの楕円形として写っている。

　このようなデバイスの性能を上げるには、サイズを縮小すればよい。つまりスケールを半分にすれば、図に示した電子(e-)の矢印の動きからもわかるように、電気信号が伝達される距離と時間が半分に短くなり、計算に要する時間も半分になり、消費電力は 1/4 になる。

　しかしスケールが半分になると、図の中の丸印で示した、金属と GaAs 半導体の界面の電気抵抗が 2〜4 倍に大きくなり、電気信号の遅れや熱が発生する。そのためデバイスの動作に問題が起こってくる。つまり、この金属―半導体界面は、デバイスの性能を大きく左右する。

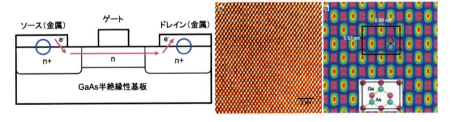

★ GaAs デバイスの断面図　(a) GaAs の電子顕微鏡像と(b)画像処理後拡大した像と構造

コラム　半導体でノーベル賞

　2000 年のノーベル物理学賞は、半導体デバイスの発明として、テキサス・インスツルメンツ社のジャック・キルビー、ロシア・ヨッフェ物理技術研究所のジョレス・アルフョロフ、カリフォルニア大サンタバーバラ校のハーバート・クレーマーに与えられた。キルビーの発明は集積回路(IC)であり、現在のコンピューターの基礎となっている。またアルフョロフとクレーマーは、半導体レーザーを開発し、CD、DVD などの光エレクトロニクス技術の発展に寄与しており、いずれも現代社会や日常生活に非常に大きな影響を与えている

　通常ノーベル賞は、「発見」に与えられるが、2000 年という節目の授賞が、工学応用的な「発明」に与えられたのが印象的であった。

ナノレベルで均一な界面であれば、電気信号を正確に伝えることができ、デバイスの信頼性が向上する。このように、デバイスをナノレベルで観察し評価して、さらに性質のよい半導体のナノ界面構造を開発することで、様々なデバイスの性能が100％引き出されるのだ。

窒化ガリウム（GaN）－青色発光デバイス

窒化ガリウム（GaN）は、1993年に日亜化学工業の中村修二らが、実用化した青色発光デバイスとして、世界中の大きな注目を集めてきた。GaNのバンドギャップは 3.5 eV であり、Si の 1.1 eV よりかなり大きいワイドギャップ半導体である。さらに直接遷移型のエネルギーバンド構造なので、高い効率で発光が可能であり、発光デバイス材料として非常に有力な物質である。

以前の信号機は、電球を使用して定期的に電球を交換していた。しかし最近の信号機は、この GaN を使用した青色発光ダイオード（LED）が使用されている。オフのときは透明で、電気が流れているときだけ青色に光るので、信号の見間違いも少なく、また電球と比較すると、光の進み方がきれいにそろっているので、非常に明るく見やすい。しかも、寿命も 7 年以上で、毎年交換する電球に比べてかなり長い。さらに電力消費も約 1/5 である。全国の信号機に使われる電気はものすごい量なので、省エネ対策としても有効である。

図(a)は、GaN の原子配列モデルで、現在広く使用されている GaAs や Si 半導体の構造（立方晶）とは異なり、六方晶と呼ばれる構造をもつ。これは一つには、Ga と N が周期表上では、2 周期も離れているため、結晶の対称性が低くなるものと考えられる。図(b)は、電子顕微鏡のフォーカスを変えながら計算した電子顕微鏡シミュレーション像である。Ga と窒素原子が 6 角網目状に配列している様子が観察される。

また GaN は、Ga の原子位置に In（インジウム）を少しずつ入れていく（固溶）ことにより、エネルギーギャップを調整してやることができる。その結果、青色だけでなく、緑色などさまざまな波長の光も発生させることができる。青と緑と赤の光を混ぜると白になる。よって GaN を使用すれば、白色の発光デバイスも作成可能であり、今後の蛍光灯の代替材料としても大きな注目を集めている。さらに光デバイスだけでなく、GaN の広いエネルギーギャップと高温安定性を生かして、高耐電圧・高温動作のデバイスとしても期待されている。

第6章 半導体

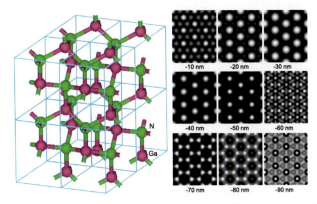

★ (a) GaN の構造モデルと、(b) [001]入射電子顕微鏡シミュレーション像

● 炭化ケイ素（SiC）－耐環境デバイス

　シリコン（Si）もダイヤモンド（C）も周期表上の14族に位置する半導体である。炭化ケイ素は、ちょうどこれらを組み合わせた構造と、中間的な性質を持っている。いくつかの構造があるが、基本構造はシリコンやダイヤモンドと同じである。交互に炭素とシリコンがならんでいて、低温相のβ型と高温相のα型がある。β型は1種類しかないが、α型はさまざまな層の積み重なり方があり、多くの種類の構造がある。

　高純度のSiCは、エネルギーギャップが3.0 eVのワイドギャップ半導体で、無色透明である（通常は窒素やアルミニウムの不純物が入っているので、黒から緑色である）。従来のSi半導体は、エネルギーギャップが1.1 eVでギャップの大きさがそれほど大きくないので、100 ℃くらいまで温度を上げると、半導体から金属的になり、電流が流れはじめ誤動作がおきるので、使えなくなる。

　一方、SiCの場合は、500 ℃くらいまでは動作し、自動車などの高温環境でも動くので、耐環境デバイスとして期待される。また大電流を流しても、電流制御が可能なので、電力用パワーデバイスとしても、開発が進められている。また、窒化ガリウムが青色発光デバイスとして現れる前は、青色発光ダイオードとしても研究されていた。

　また炭化ケイ素のもう一つの大きな特長は、ダイヤモンドに近いくらい非常に硬く、耐熱性も1600 ℃くらいまで安定で、熱伝導もよいことである。このため、耐火物、研磨材として使われ、ディーゼルエンジンの排気ガス用フィルターとしても使われている。

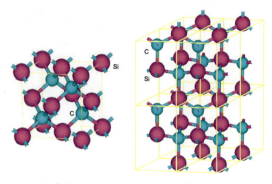

★ 立方晶（βSiC）と六方晶（αSiC）型の炭化ケイ素

● 酸化亜鉛（ZnO）—さまざまな応用

　酸化亜鉛（ZnO）は、白色の粉末で、高純度に結晶化すると透明になる。粒子が細かく毒性がないので、白色塗料や化粧品、場合によっては医薬品として使われている。また、ゴムの添加剤としてもっとも広く使われている。

　酸化亜鉛は、エネルギーギャップが3.4 eVで、発光効率が高い直接遷移型バンド構造をもつ半導体である。3.4 eVのエネルギーは、紫外線の波長に対応していて、青色レーザーよりも波長が短く、情報量を多くできる紫外線レーザーへの試みが行われている。また、透明で電気を通すので、液晶ディスプレイの透明な電極材料への応用も期待されている。透明で導電性をもつインジウム錫酸化物（ITO）ほど導電性はないが、安くて環境にもやさしい材料のため、研究が続けられている。

　また圧力を加えると（図の縦方向）電気が流れる圧電性という特徴を持っているので、圧電素子に応用されている。圧電素子の身近な例は、ディスプレイのタッチパネルやライターの点火などがある。

　エネルギーギャップが3.4 eVと、ちょうど紫外線の波長になっているので、紫外線を吸収する。また粒子のサイズが、光の波長に近い場合には、紫外線を散乱し、両方の効果によって紫外線をカットできる。また、白色顔料として使用され、白色に加えて透明性がある特徴がある。

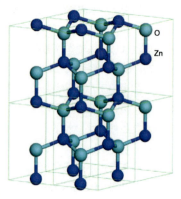

★ 酸化亜鉛の構造

第6章 半導体

導電性ポリマー―電気を通すプラスチック

　2000年のノーベル化学賞は、導電性ポリマーの発見と開発で、白川英樹博士に授与された。普通プラスチックは、電気を通さない絶縁体である。しかし白川は、電気を通すプラスチックを初めて開発した。

　金属は電気をよく通す導電体である。ただ、金属は重く不透明という性質がある。一方の、導電性プラスチックは、軽くしかも透明である。この性質をいかして、タッチパネル表面、携帯電話やノートパソコンの電池の電極、電磁波を防ぐコンピューター用のスクリーンなどに応用されている。導電性ポリマーの代表が、ポリアセチレンというプラスチックである。これは、炭素原子2個と水素原子2個からできているアセチレン分子（C_2H_2）が、多数結合（重合）したものだ。アセチレン自体は、無色無臭の気体で、爆発しやすい物質である。

　ポリアセチレンは、構造をみるとわかるように、炭素原子に3つ電子が結合していて、残りの一つの結合の電子がパイ（π）電子として、上下に存在する。このπ電子が電気を通す通り道の役割を果たす。ただこのままでは、通り道だけで、そこを動く電子がないので、電気をほとんど通さない。そこで電子を与えやすい原子や電子を引き抜きやすい原子を入れてやると、このポリアセチレンに沿って電子が自由に移動し、まるで金属のように電気が流れやすくなる。現在では、ポリアセチレン以外にも、ポリアセン、ポリピロールなどの導電性高分子が実用化されている。

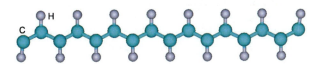
★ ポリアセチレンの部分構造

自己組織配列と単一分子エレクトロニクス

　コンピューターの速さは、半導体デバイスの配線幅で決まり、現在は大きい配線を削っていく方法で作っている。しかし、50 nm以下となると、原子200個程度になりかなり難しい。さらに電子の量子ゆらぎ効果により根本的に、動作が不安定になってしまう。

　その技術の壁を越える方法として、自己組織配列の研究が精力的に行なわれている。大きいものを削るのではなく、小さいものが、自然にならんでできあがっていくしくみを利用するのだ。実際にナノ粒子を、1・2・3次元に自然に配列させる方法が見出されている。一つの候補として、単一分子デバイスがある。一個の分子でスイ

81

ッチ素子やメモリーを作ろうというものである。多数の分子を、どのようにして、きちんと集めてならべるか（集積化）が大きな課題である。

> **コラム　転んでもただでは起きない**
>
> 　実験の失敗が大発見につながることはままある。
> 　白川の大発見は、ポリマー合成のときに1000倍も濃い触媒を入れてしまうという、大失敗がはじまりだった。普通なら、このような失敗作はそのまま捨て去られる。しかしその失敗から、ついには電気を通す導電性ポリマーを発見し、ノーベル賞に結びついたわけだ。
> 　また2002年ノーベル化学賞の田中耕一氏も、普通だったら混ぜるなんてとんでもないものを混ぜてしまった。そんなものは捨てるのが普通だが、それをとりあえず実験に使ってみた。そして、普通の人だったら見逃してしまうようなピークを見出したのだ。「転んでもただでは起きない」精神が大切なようである。
> 　発明王エジソンも、さまざまな実験で「失敗」は一つもないと言っている。つまり、一見失敗したようにみえる方法は、成功するための方法ではないことを「発見」したというわけだ。その意味で、「人生に失敗はない、すべて学びである」と言ってもいいだろう。

> **コラム　ピラミッドを作るには？**
>
> 　古代の遺跡に非常に興味をもち給料、ボーナスすべて海外旅行につぎこんでいた筆者の友人がいる。彼は全世界をめぐり歩いていたが、その中でも巨大なエジプトのピラミッドは非常に印象深かったそうである。
> 　そのピラミッドは今から4600年前、2.5トンの石を230万個、毎年10万人の労働者を使い、20年がかりで、150メートルの高さまで積み上げたものだ。
> 　さて、ここで問題を出してみよう。このような巨大なピラミッドを作れといわれたら、あなたならどうするか？
> 　① そこら辺にある石ころを拾ってきて適当に積み上げる。（いきあたりばったり）
> 　② 文明の進んだ宇宙人を呼び寄せ作ってもらう。（他力本願）
> 　③ あきらめる（人間あきらめが肝心）
> 　④ じっくり考え、積み上げる石の性質、積み上げる方法、全体の構造を考え、実際の工事にとりかかる。
> 　もちろん優秀な読者の方々は、④を選ぶと思われるがいかがだろうか。
> 　現代社会をささえる材料開発は、この巨大なピラミッドの建設と全く同じだ。つまり、材料の性質、材料の組み合せ方、全体の構造を考えて行なわれる。
> 　この中でも、材料の性質は原子配列で大きく変わり、材料の組み合せ方はナノ構造に対応している。ナノワールドの構造を知ることは、材料設計の指針となり、さらに新たな材料開発へとつながっていくのだ。

第7章

セラミックス

第7章　セラミックス

 ## 古来から現代まで身近なセラミックス

　セラミックスは昔から使われてきた。縄文土器・弥生土器もセラミックスである。毎日使っているごはんのお茶碗もセラミックスであるし、窓ガラスもセラミックスだ。このように非常に身近なセラミックスであるが、新しい機能をもつものもたくさんあり、ファインセラミックス、ニューセラミックスなどと呼ばれている。本書でも、別の章にでてくる超伝導酸化物や、窒素ガリウム（GaN）、炭化ケイ素（SiC）半導体もセラミックスである。
　セラミックスには、単元素（ダイヤモンドなど）、炭化物（炭化ケイ素など）、酸化物（酸化鉄など）、窒化物（窒化ケイ素など）、水酸化物（ハイドロキシアパタイトなど）がある。

 ## グラファイトーインターカレーション

　炭素原子は、水素の次に軽いヘリウム原子（原子番号：2）が核融合してできる。1億度の熱が必要なので、太陽のような恒星での核融合で作られる。だから我々の身体の一部も、もともとは太陽のような星の中にあったのである。現在でも太陽以外に、彗星や他の惑星にもある。
　炭素は人体の乾燥重量の2/3で、他の生物でも重要な構成元素である。地球では7割くらいが、炭素粒・石油・石炭・天然ガスなどの形で地殻にある。また黒鉛（グラファイト）が、アメリカ、ロシア、メキシコなどで採掘されている。海にも炭酸として溶け込んでいるし、二酸化炭素など地球温暖化の原因にもなっている。
　炭素原子には、^{12}C、^{13}C、^{14}Cの3種類の同位体がある（陽子は6個で、中性子が6個から8個）。大部分は^{12}Cで、^{13}Cは核磁気共鳴という測定に使われ、14Cは放射線を出すので考古学などの古代の年代測定に使われる。
　グラファイトは、炭素原子がsp2結合で六角形に平面にならんだ構造である。六角形の面内では共有結合でしっかり結合しているが、面と面の層間は、ファンデルワールス結合で弱く、層がはがれやすい。六角形の面の上下にπ電子があり電気を運び、化学的にも安定である。グラファイトは、身近なところでは、電池の電極や鉛筆の芯、コピー機・レーザープリンター、墨汁などにも使われている。また原子炉材料の一部や、核融合炉の耐熱材、半導体材料のるつぼにも使われている。
　アクリル繊維などを高温で炭化して作った炭素繊維は、アルミよりも軽く鉄よりも強いので、航空機、ロケット、F1レーシングカーやテニスラケット、スキー板、ゴルフクラブ、ヴァイオリンの弓、釣り竿、などに使われている。

グラファイトの層間に、カリウムやカルシウムなどを入れた、層間化合物（インターカレーション）も研究され、特にCaC₆では、11 Kで超伝導になることが発見されている。

また、ダイヤモンドとグラファイトの中間のような構造の、ダイヤモンド・ライク・カーボン（DLC）という薄膜も、ハードディスクの表面、剃刀の刃、ペットボトルなどに応用されている。

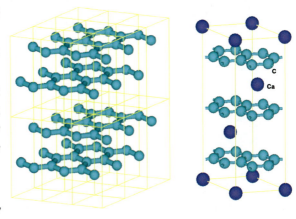

★ グラファイトとCaC₆超伝導体の構造

 ダイヤモンド

ダイヤモンドは、地球上で最も硬い物質である。ダイヤモンドは光の屈折率が高く、光があたるときらきらと輝く。特に効果的に光を反射するようにブリリアントカットという形にカットされる。天然のダイヤモンドの中には、不純物が含まれ色がついているものもあり、ブルー、ピンク、グリーンのダイヤモンドは、宝石として稀少価値がある。南アフリカなどアフリカ大陸やカナダ、ロシア、ブラジル、オーストラリアなどで採掘される。炭素原子は4方向に共有結合（sp^3結合）で結びつき、ひずみのない正四面体構造になり硬くなる。ダイヤモンドは熱伝導性が非常に高いが、高温・大気中で燃える。バンドギャップは5.5 eVの絶縁体であるが、ホウ素などの不純物を添加することで半導体として使われている。

★ ダイヤモンドの構造とブリリアントカット http://www.mokumeganeya.com

人工ダイヤモンドは、1955年に高温高圧合成で初めて作られた。炭素と触媒金属を一緒にして、2000℃、10万気圧くらいにすれば、ダイヤモンドができる。現在では他にも、メタンなどの気体から合成する方法で、ダイヤモンド薄膜をつくることができる。これらの人工ダイヤモンドは、値段も金の1/10程度で安く、研磨や切削工具、半導体材料として使われる。

コラム　ダイヤモンドで超伝導

　純度の高い半導体は、ふつう電気を流さない。電子素子として使われる半導体では、ドーピングと言って、微量の不純物を入れていて、それによって電気が流れるようになる。
　ダイヤモンドも半導体であるが、純粋なものは電流を流さないので、電子素子として使うときには、微量のホウ素などをいれて使う。
　ところが 2004 年に、ホウ素をさらに入れていったら、超伝導になったというのである！当時、イタリアでのダイヤモンド国際会議で、初めてこの話を聞き、びっくりした。ダイヤモンドだけで、絶縁体から半導体、そして超伝導までできてしまうなんて‥。

● 窒化ホウ素（BN）－化粧品〜レーザー

　窒化ホウ素（BN）は、天然には存在しないセラミックスで、周期表では炭素原子の両脇の元素である、ホウ素(B)：窒素(N)が1：1という単純な組成を持つ物質だ。

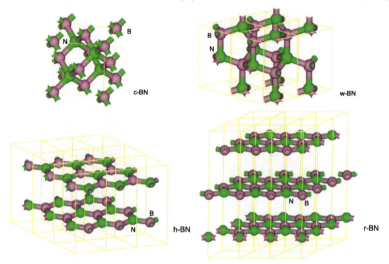

★ 高圧相、立方晶型(c-BN)、ウルツ鉱型(w-BN)と常圧相 六方晶型(h-BN)と菱面体晶型(r-BN)

第7章 セラミックス

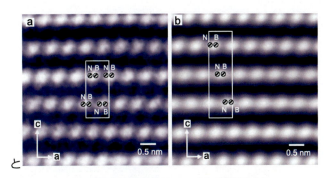

★ 六方晶BNと菱面体晶BNの電子顕微鏡写真

　様々な特性が炭素と似ていて、炭素のグラファイトとダイヤモンドのように、主に４つの構造を持つ。常圧相では、共有結合とファンデルワールス力をもつ六方晶型・菱面体晶型窒化ホウ素があり、高圧相では、共有結合だけからなる立方晶型とウルツ鉱型がある。写真は、六方晶型・菱面体晶型窒化ホウ素の電子顕微鏡写真であり、ホウ素（B）と窒素（N）の原子はペアとなり、白い点として見えている。構造モデルでもわかるように、それぞれ2層と3層の周期的な構造になっている。

　六方晶窒化ホウ素が、炭素グラファイトと比べて大きく違うのは、電気的に絶縁体であることである。グラファイトでは、3本の炭素の結合以外に上下に広がったパイ電子があり、自由に面内を動いて電気が流れる。しかし、六方晶窒化ホウ素では、電子がホウ素原子にひきつけられ動けないので絶縁体になる。またエネルギーギャップが5 eV以上で、可視光線を吸収しないため、グラファイトの黒とは反対に白色である。

　六方晶窒化ホウ素の、六角形の網目構造はしっかり結合しているので、六角形の網目内では熱が非常に伝わりやすい。また六角形の面と面の間は、弱いファンデルワールス力だけなので、滑りやすく、高温での固体潤滑剤として使われる。大気中でも1000 ℃まで安定であり、シリコンやガリウムヒ素などにも濡れないので、半導体材料のるつぼとして使われる。また、光を散乱し光沢があり、化学反応せず毒性がないので、ファンデーション、口紅、アイメイクなどの化粧品に使われている。

　また高純度の六方晶窒化ホウ素が、室温で215 nmの波長のレーザー光を出したという報告もあり、この遠紫外線は、光記録の高密度化、環境汚染物質の分解や殺菌のための光触媒用光源など、さまざまな応用が期待されている。

　一方、高圧相の立方晶窒化ホウ素は、結晶構造や原子間距離がダイヤモンドとほぼ同じで、炭素のかわりに、窒素とホウ素になっている。ダイヤモンドの次に硬い物質であり、純粋な結晶は無色透明である。ダイヤモンドと同じように、高温で高

い圧力をかけて合成する。ダイヤモンドに比べて鉄と反応しにくいので、鉄材料の切削工具として使われる。写真は、立方晶窒化ホウ素の微粒子の電子顕微鏡写真と電子回折パターンである。電子回折パターンの点の位置から、立方晶窒化ホウ素の構造であることがわかり、特に双晶とよばれる特殊な構造をもっていることがわかる。炭素系物質と組み合わせることで、将来的なさまざまな応用が期待される。

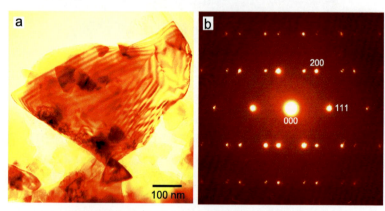

★ 立方晶窒化ホウ素微粒子の電子顕微鏡写真と電子回折パターン

窒化ケイ素（Si_3N_4）—耐熱材料

窒化ケイ素（シリコンナイトライド）は、軽くてねばり強く、大気中高温でも耐えるセラミックスとして、さまざまな機械部品に使われている。結晶構造は、$β$-Si_3N_4とc軸方向に積層が異なる $α$-Si_3N_4 がある。窒化ケイ素の優れた特性から、自動車のエンジン部品などの過酷な高温環境で使用される部品や切削工具に使われている。自動車に使われている構造用のセラミックスの大部分は、窒化ケイ素である。また耐磨耗性も優れているので、ベアリングや半導体製造装置の部品、スペースシャトルなど過酷な宇宙環境でも使われている。

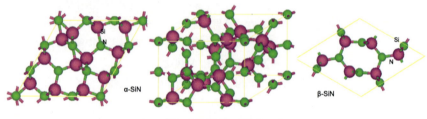

★ α-Si_3N_4とβ-Si_3N_4の構造モデル

また1999年に、結晶構造が異なる立方晶窒化ケイ素(c- Si_3N_4)が高温高圧で合成され、新しい半導体特性が存在する可能性が理論的に示されている。

窒化炭素－ダイヤモンドより硬い？

　この世で一番硬い物質といえば、ダイヤモンドである。エンゲージリングとして使われるのは、きれいな輝きに加えて、二人の「かたい絆」を確かめるためであろうか。この一番硬いはずのダイヤモンドを越える物質が予言された。1989年にコーエンらの理論計算によって報告された窒化炭素（C_3N_4）で、ダイヤモンドより硬い可能性があるという計算結果がでた。このため数多くの研究者が、ダイヤモンドより硬い窒化炭素を得ようと実験を行ってきたが、いまだ証明されていない。ダイヤモンドは、まだしばらくエンゲージリングの地位を保てそうである。構造は、基本的にβ型の窒化ケイ素（β-Si_3N_4）と同じ構造で、炭素原子はシリコン原子よりも原子番号が一周期小さいので、炭素と窒素の距離が、Si_3N_4より16%短くなっている。

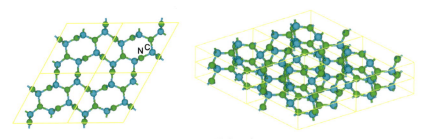

★　C_3N_4の構造モデル

アルミナ（Al_2O_3）－宝石・半導体基板

　アルミナ（酸化アルミニウム）として最もよく知られているのは、宝石のサファイアやルビーであろう。アルミナに鉄やチタンが微量に入ったものが青色のサファイア、クロムが入ったものが赤い色のルビーである。さらに、青色や赤色だけでなく不純物によって、ピンクやオレンジ、黄色のものなどもある。とくに光を当てると六条の光がでてくるスターサファイアは宝石として珍重されるが、これはサファイアの原子配列と関係している。また、絶縁性、熱伝導率、強度が高いので、シリコン半導体の基板（シリコン・オン・サファイア）として使われたり、レコードの針としても使われたりする。また、自動車の排気ガスを浄化する触媒を保持する材料としても使われている。アルミナは、アルミニウムの原料ともなっている。

第7章 セラミックス

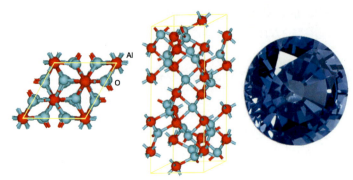

★ アルミナの構造サファイア https://en.wikipedia.org/wiki/File:Sapphire.png

● チタン酸バリウム（BaTiO₃）―誘電体

　チタン酸バリウムは、誘電体として、メモリ、圧電素子、温度センサーなどに応用されている。基本構造は、超伝導酸化物と同様の、ペロブスカイト型構造である。チタン原子（Ti）が中心からわずかにずれた位置で安定になっていることで、電気双極子（プラスとマイナスの電荷ペア）を生じ、強誘電体の特性がでてくる。外側から電場をかけると、チタン原子の位置が上に動いたり、下に動いたりするので、それをデータを記憶するメモリとして使う。ただ温度が 120 ℃ 以上になると、原子の位置のずれがなくなり、常誘電体になってしまうので（キュリー温度）、実際にチタン酸バリウムを誘電体材料として使う場合には、カルシウム(Ca)やストロンチウム(Sr)などを少し加えてやることで、性質をコントロールして使う。

　圧電素子としては、かなり応用されている。圧電性とは、力を加えると電気を発生したり、逆に電気を加えると力が発生する性質である。身近な例では、押すと火がつくライターの点火などがある。逆に電気を流して力を発生させるアクチュエータは、従来のようなモーターをつかわずにすみ、超音波製品などさまざまな応用ある。人間の筋肉も一種のアクチュエータであるから、マイクロロボットの人口筋肉としても使われ始めている。

　また温度の変化によって、電圧が発生するので、温度計や赤外線センサーなどに使われている。同様の化合物として、Baのかわりに Pb が入っている、チタン酸ジルコン酸鉛（PZT：Pb(Zr,Ti)O₃）が、特性のよい強誘電体として広く使われている。

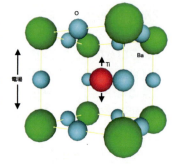

★ チタン酸バリウムの構造

90

二酸化ケイ素（SiO$_2$）－宝石や半導体デバイス

　地球の表面から10-70 kmは地殻と呼ばれ、地殻の60%が二酸化ケイ素SiO$_2$である。水晶、石英、シリカ、クォーツ、無水ケイ酸とも呼ばれ、温度と圧力の条件でさまざまな構造がある。ガラスや産業応用として広く使われている。水晶は鉱物としても採掘されて、パワーストーン、クリスタルヒーリングなど癒しの効果があると言われる。特に2月の誕生石であるアメジストは、微量の鉄イオンが入った紫色の水晶で、水晶の中では一番高い価値があり、イギリスの王冠やエジプトの王族などに好まれたり、カトリック教会の司教の石に使われたりしている。

　二酸化ケイ素の構造は、ケイ素（Si）原子を中心に4つの酸素原子が結合した正四面体構造となり、その正四面体が次々と三次元的に広がったネットワーク構造をもつ。通常の水晶の構造は図の上の石英とよばれる構造で、透明なものをとくに水晶という。1500 ℃以上の高温にすると、クリストバライトという構造が安定になり、100気圧以上の圧力を加えると、原子配列が正四面体から正八面体に変わり、ステッショバイトという緻密な構造になる。地球の表面から300 kmくらいのマントルの上にある。また二酸化ケイ素を高温でとかして冷やすと正四面体がランダムにならんだアモルファス構造となったガラスができ、半導体デバイスの絶縁膜、液晶ディスプレイの基板や光学材料など、さまざまな応用がある。

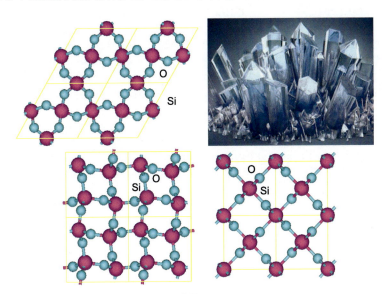

★ 水晶、クリストバライト、ステッショバイト、水晶 http://www.3lian.com/down/pic/6/604/62752.html

91

蛍石（CaF₂）—光る石が望遠レンズに

　子供の運動会での必須アイテムは、デジタルビデオカメラであろう。なかなか近くまでいくのは難しいので、遠くから大きく拡大できる望遠レンズがあればベストである。レンズを通る光には、紫から赤までさまざまな色（波長）があり、レンズでの光の曲がりかた（屈折率）が異なっている。そのため、ふつうのガラスでできたレンズを使って拡大すると、画像がぼやけてしまう。

　蛍石の結晶の屈折率は、ふつうのガラスの屈折率よりも低いので、望遠で拡大しても非常にくっきりとしたカラー画像となる。フローライトとか蛍石レンズという高級レンズで、望遠鏡やデジタルビデオカメラの高級望遠レンズなどに使われている。鉱石として古くから採掘されていて、加熱すると青い光を出し、また、不純物を含むものは太陽の紫外線で光るものもある。

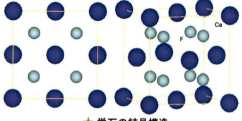

★ 蛍石の結晶構造

コラム　心のエネルギー

　心は、エネルギーをもっている。このことには、多くの人がうなずくかもしれない。心がエネルギーに満ちあふれていると、うきうきした気分になるし、エネルギーがないと落ち込んだ気分にもなる。はっきりと目に見えるものではないが、「心のエネルギー」というものがあることは、読者の方々も実感されているのではないだろうか。この心のエネルギーとは、いったい何なのだろうか。物理学のエネルギーと同じものなのだろうか？

　原子核だけの密度を考えてみると約 10^{17} kg/m³ となる。この密度を、エネルギーに変換してみよう。アインシュタインの相対性理論による $E = mc^2$ の m のところに密度を代入する。c は光の速さで、3×10^8 m/s なので、エネルギー密度は約 10^{34} J/m³（= 10^{25} J/mm³）となる。この 10^{25} J/mm³ の高いエネルギー密度があれば、われわれが今住んでいる宇宙では、エネルギーが自然に物質化するものと考えられる。

　これだけ高いエネルギー密度を作るのは大変である。たとえ大きなエネルギーを作り出せても、それを一点に集中させなければならないからだ。われわれの宇宙で、これだけ高いエネルギー密度をもつものはほとんどない。というのもふつうは、この原子核の周囲に電子があり、密度が小さくなっているからだ。ただ、ブラックホールや中性子星などでは、これに近い密度になっている。もし心のエネルギーを、これだけのエネルギー密度でしぼり込める人がいれば、物質化現象も可能になりそうだ。

第8章

金属

金・銀・銅—メダルの色は？

　二年に一度、夏と冬のオリンピックが交互に行われ、多くのアスリートたちが金・銀・銅メダルを目指して、日夜練習に励んでいる。金（Au）は、酸化物を形成せず、非常に高い化学的安定性や腐食に対する強い耐性をもつため長期間、輝きを保ち続ける。そのためオリンピックの金メダルやノーベル賞メダルの材料として用いられている。またAuの電気抵抗は、2.2 μΩ cm と小さく延性が高いため、コンピュータなどの薄膜回路、電子部品のワイヤ・ボンディングなどに用いられている。

　現在地球上で室温において、最も低い電気抵抗率（1.6 μΩ cm）をもつ物質は銀（Ag）である。Agは、高導伝性ケーブルとして利用され、超伝導材料とのコンポジット材料としても使われる。一方、Agは高電流密度による原子移動（エレクトロマイグレーション）で短絡が起こりやすい材料であり、大気中の排気ガス中の硫黄化合物により硫化され、絶縁性の物質を形成しやすい難点もある。

　室温において、Agに次いで二番目に低い電気抵抗率（1.7 μΩ cm）をもつ物質が銅（Cu）である。第11族元素であるAu、Ag、Cuは、いずれも図に示すような面心立方格子（fcc）構造を持ち、軟らかい金属だ。これは、閉殻構造のd軌道の外側に、s軌道の電子が1個だけ存在する電子配置のためである。原子同士を結びつける結合は、d軌道ではなく、s軌道の電子がメインとなり、共有結合性が弱く金属結合性が強い結合となり、高い導電性や展延性などの性質が現れる。室温での金属中の電気抵抗は、結晶格子の熱振動で電子拡散するためだが、Au、Ag、Cuのような柔らかい金属ではこの熱振動が比較的弱いため、電気抵抗が低く熱伝導率が高い。

　Cuは、AuやAgに比べて価格も格段に低く、導電性材料や高熱伝導性材料として幅広く使われている。Si結晶中での拡散係数が非常に大きく、深い不純物準位をもち半導体特性を低下させるため、使用が避けられてきたが、近年では銅の拡散を防ぐバリアメタルなどとともに、集積回路（LSI）の薄膜配線材料として使用される。結晶粒界など欠陥により硬くなるため、多結晶粒子として強度材料として使われる。

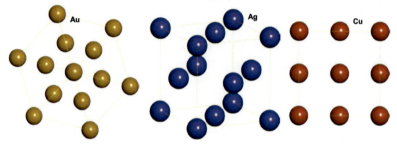

★ 金、銀、銅の構造モデル

アルミニウム合金と準結晶

アルミニウム（Al）は面心立方格子構造をもち、高い熱伝導性や低い電気抵抗率（2.8 μΩ cm）を持ち、密度は2.7 g cm^{-3}で軽い金属だ。空気中では表面に酸化アルミニウム（Al$_2$O$_3$）の膜ができ、内部は安定である。軽量で軟らかく加工しやすいので、一円硬貨やアルミホイルなどの他に、アルミニウム合金として、アルミ缶、鍋、アルミサッシ、道路標識、自転車フレーム、パソコンなど、様々な用途に使われている。

アルミニウム合金であるジュラルミンは、Al$_{95}$Cu$_4$Mg$_{0.5}$Mn$_{0.5}$の組成であり、超々ジュラルミンは Al$_{90.4}$Zn$_{5.5}$Mg$_{2.5}$Cu$_{1.6}$の組成で最高の強度をもつ。ジュラルミンは軽量で加工性も高いため、航空機や新幹線車両などに用いられている。ただ金属疲労に弱く、腐食しやすい欠点があるため十分な点検体制が必要だ。アルミニウムは、高圧送電線にも使われている。電気伝導率は銅より低いが、密度が低く軽いので太くでき、単位質量当りの電気伝導率は銅より高い。アルミニウムは融点が660 ℃と低いので、空き缶等をリサイクル原料として再生することが可能だ。

1984年にはイスラエルのシュヒトマンが、アルミニウムとマンガンの急冷合金を透過型電子顕微鏡で観察している中で、結晶に存在しないはずの10回対称性をもつ奇妙な電子回折パターンを見出し報告した。周囲の人には間違いだと疑われながら不屈の精神で、5回対称性をもつその新しい構造を調べ報告した結果は、世界中の固体物理学者に大きな衝撃を与え「準結晶」と名づけられた。フラーレンC$_{60}$同様、最初の数年間はその存在が疑われ、ノーベル賞を2回受賞したポーリングも、準結晶に対して否定的見解であった。しかし多くの電子顕微鏡研究者により準結晶の存在が証明され、ついに2011年のノーベル化学賞単独受賞となったのだ。

準結晶には、3次元的な正20面体対称準結晶と、2次元的な正10角形準結晶がある。2次元準結晶は、ある面内では準周期的に原子が配列し、その面に垂直方向には周期配列する。準結晶は通常の結晶のような周期性をもたないので、単結晶X線回折のような方法で原子配列を決定することができない。透過型電子顕微鏡だけが、その不思議な5回対称構造を見ることができるのである。現在でも準結晶の原子配列は、解明されていない部分が多々あるが、準結晶ができる組成のすぐ近くに、正20面体対称クラスターを含む結晶が存在する。この結晶は周期性をもちながら、準結晶のようなクラスター構造を持つので近似結晶と呼ばれる。Al$_4$MnSi近似結晶の構造を図に示す。中心部分のクラスターが5回対称性に近い構造をもっている。同様の正20面体対称クラスターは、ホウ素（B）などにおいても観察される。

第8章　金属

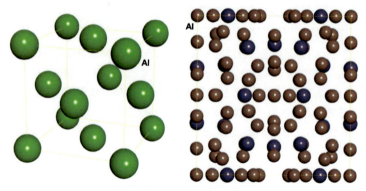

★ アルミニウムとAl₄MnSiの構造

● 鉄と窒化鉄－構造体から磁石まで

　鉄（Fe）は、元素中で最も大きな核子結合エネルギーをもつため、太陽や他の天体でも核融合反応後の安定元素として豊富に存在し、地球の地殻の約5％を占めている。鉄の温度を上げていくと、体心立方（bcc）構造であるフェライト相から、911℃でオーステナイト相（fcc構造）、1392℃でデルタフェライト相（bcc構造）に変わる。値段も安く比較的加工しやすく強度も高いため、産業の中核をなす材料として使われてきた。鉄は、炭素など他元素を添加することで鋼となり、炭素量や焼入れを行うことで硬度を調節できる。古くから刃物の素材として使われ、鉄鋼は鉄道レール、鉄骨など構造用材料として大量に使われている。鉄に炭素と微量金属を添加すると優れた特性を持つ合金鋼ができる。ステンレス鋼は、鉄・クロム・ニッケル合金であり、腐食しにくく強度も高く、見た目も美しい安価な合金で、鍋や包丁から、家電製品、鉄道・自動車など、広く利用される。鉄は強い磁性を持つため、回収しやすく、電気炉で再び鉄として再生できる。

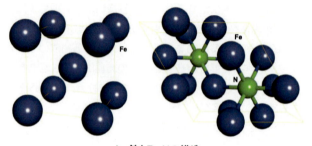

★ 鉄とFe₄Nの構造

96

第8章　金属

ネオジム－鉄－ボロン－最強磁石

　現在最強の磁石は、ネオジム－鉄－ボロン（$Nd_2Fe_{14}B$）である。磁束密度が高く、非常に強い磁力を持ち、ジスプロシウム（Dy）を添加すると、保磁力が向上する。ハードディスク、CD、携帯電話、電車、ハイブリッドカーなど幅広く使われている。さびやすいため、ニッケル等でコーティングされている。またレアメタルを含まない窒化鉄（$Fe_{16}N_2$）は、純鉄よりも高い飽和磁化、大きな結晶磁気異方性を持ち、最大エネルギー積が非常に高いことが予想される強磁性体窒化物である。

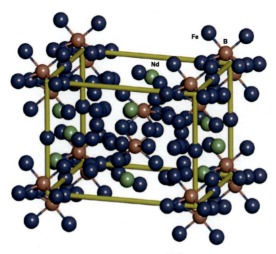

★　$Nd_2Fe_{14}B$の構造

黄銅と青銅－CuZn・CuSn

　黄銅（CuZn）は、適度な強度、展延性を持つ扱いやすい合金として、300年以上前から広く使われている。銅と亜鉛（Zn）の割合で物性が変わり、最も一般的な黄銅は、$Cu_{65}Zn_{35}$である。Znの割合が大きくなると硬くなるがもろくなる。適度な硬さとすぐれた展延性のため冷間加工で使用され、切削加工が容易で価格も安いので、精密機械や給水管など微細加工金属材料として使われ、金に似た美しい黄色の光沢を放つことから金の代用品にもされ五円玉も黄銅である。また金管楽器などにも使われ、金管楽器のブラス（brass）は黄銅の英語である。

　青銅（CuSn）は、銅を主成分としスズ（Sn）を含む合金で、ブロンズともいう。オリンピックの銅メダルや十円玉も青銅である。適度な展延性と融点の低さにより、鉄以前には最も広く利用されていた。また、鉛とスズの合金であるはんだにお

97

いて、有害な鉛を含まない鉛フリーはんだの開発が進められており、SnCu合金もその一つの候補として研究されている。

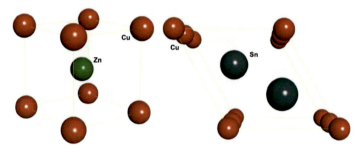

★ CuZnとCuSnの構造モデル

⚪ 白金・イリジウム―貴金属

　白金（Pt）は、化学的に極めて安定で酸化されにくいため、装飾品やるつぼなどに利用される。高い耐久性から自動車の点火プラグや排気センサーなど過酷な環境で使われる。さらに触媒として高い活性を持ち、自動車の排気ガス浄化触媒として広く使われており、最近では水素化反応の触媒や燃料電池用材料としても研究開発が進められている。またマンガンとの合金は、巨大磁気抵抗効果（GMR）を示し、磁気記録ヘッドとして用いられている。

　イリジウム（Ir）は白金族元素の一つで、貴金属、レアメタルとして扱われる。白金とイリジウムの合金は硬度が高く、キログラム原器、メートル原器の材料として使われている。耐熱性に優れているため、工業用るつぼや自動車の点火プラグの電極などに、また耐食性・耐摩耗性に優れていることから高級万年筆のペン先の材料として用いられている。

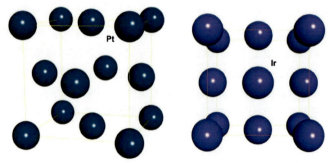

★ 白金とイリジウムの構造

第8章　金属

 ## 硬くて軽い金属

　チタン（Ti）は、六方最密（hcp）構造をもち、地殻の成分として9番目に多く、遷移元素としては鉄に次ぐ元素だ。集積度や製錬の難しさから、最近になって広く用いられるようになった。酸化物が非常に安定で空気中では不動態となり、室温では酸や海水などに対しても、白金や金とほぼ同等の高い耐食性をもつ。鋼鉄以上の強度をもちながら、質量は鋼鉄の55％と非常に軽く、アルミニウムと比べても60％重いが2倍の強度を持つため、一時期航空機部品としても使われた。生体親和性が非常に高く骨と結合することから、歯科のインプラントとして使われるようになり、人工関節や人工骨としても広く利用されている。

　マグネシウム（Mg）は、非常に軽い軽合金材料で、反応性が高いことから脱酸素剤や有機合成用試薬として用いられる。植物の光合成に必要なクロロフィルの必須元素で、食品や医薬品など広く用いられる。工業的に使用されている最も軽い金属で、航空機、自動車、スポーツ用具、スピーカー振動板、携帯用機器筐体、宇宙船など多岐にわたる。

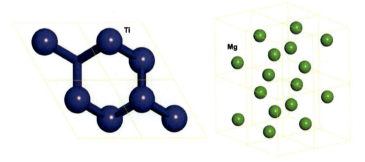

★　チタンとマグネシウムの構造モデル

 ## 高融点金属

　タングステン（W）は金属単体では最も融点が高く（3380 ℃）、比較的大きな電気抵抗を持つので、電球のフィラメントとして利用され、電子顕微鏡や電子線描画装置の電子線（電子ビーム）発生源や、反物質生成実験での陽子－電子衝突による粒子－反粒子対生成のための標的素材として使われる。またタングステン合金や炭化タングステンは非常に硬度が高いため、高級切削用工具に使われる。地殻存在度が低い物質で、安全保障策として国内消費量の最低60日分を国家備蓄すると定められている。

99

タンタル（Ta）は空気中で不動態となり耐食性がある。反射率が全金属中最も低いため、外見は純金属としては最も黒い。絶対温度4.5 Kで超伝導にもなる。またタンタルコンデンサは小型で漏れ電流が少ないため、エレクトロニクス製品に多数使われている。炭化タンタル（TaC）は非常に硬く、融点が3985 ℃と全物質中で最も融点が高い。

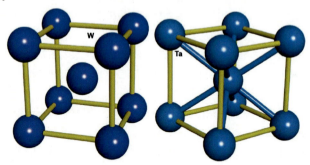

★ タングステンとタンタルの構造

コラム　メダルの値段はいくら？

オリンピック金、銀、銅メダルの値段はどれくらいだろうか？
材料費だけでみれば、8 万円、4 万円、500 円くらいである。あとは加工費用が加わる。せいぜいこのくらいの値段なのである。しかも金メダルと名前はついているが、実際は銀でできていて、表面に金メッキが施されている。金だけだと柔らかすぎて、すぐに曲がったり傷がついたりするためである。
夏のオリンピックは現在、約 300 種目もあり、それぞれの競技の優秀者にメダルが与えられる。しかも団体戦であれば、メンバー全員の分が必要となる。銀だけでもかなりの価格となる。本物の金を使っていたら、膨大なお金がかかってしまうだろう。
もちろん、オリンピックのメダルには物質な価値よりも、世界ナンバーワンという名誉的な価値が付与されているわけで、多くのアスリートが日夜、金メダルを目指して修練に励んでいるわけである。
ノーベル賞にもメダルがある。DNA の二重らせん構造を発見したジェームズ・ワトソンが経済的に困り、ノーベル医学生理学賞のメダルを競売にかけた。2014 年にニューヨークのクリスティーズで行われた競売で、そのノーベル賞メダルは 5 億 5 千万円で落札された。存命のノーベル賞受賞者のメダルが競売されたのは、史上初めてである。ノーベル賞の賞金が、約 1 億円であるから、はるかに高い値段である。

第9章

フラーレン物質

第9章 フラーレン物質

 ## フラーレン

　フラーレンとは、炭素原子が60個集まって、サッカーボールの形となったクラスター（原子個数が数百個以下くらいの原子の集合体）でC_{60}とも書く。サッカーボールを蹴飛ばしても壊れないように、このC_{60}も、非常に安定な構造である。

　フラーレンは、1985年に、イギリス・サセックス大学のハロルド・クロトー、アメリカ・ライス大学のリチャード・スモーリーらが、全く偶然に合成し発見した。この実験は、彼らが共同研究を始めてわずか2週間で発見し、世界的な英文科学誌である「ネイチャー」に論文を発表したことから「奇跡の2週間」とも呼ばれている。

　発見当初、彼らは大発見を確信していたが、この発見は世界的にはほとんど受け入れられなかった。つまりそんな形の分子ができるとは、ほとんど誰も考えていなかったのである。また、見つかったとはいっても、本当にごくごくわずかの量で、目に見えるレベルの量が得られなかったので、ほとんど誰も信じていなかった。

　理論的には、日本の大澤映二が1970年に予言していた。しかしこの理論予言は、日本語の本の中で書かれていたため、世界的にはほとんど知られていなかった。

　1991年に、ドイツ・マックスプランク研究所のクレッチマーが、初めて目に見える量のフラーレンを大量合成するのに成功した。そして世界中に、フラーレン研究が爆発的に広まったのだ。そして1996年には、ノーベル化学賞が授与されたのだ。

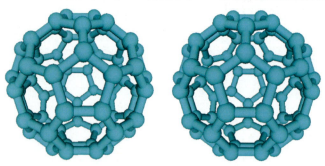

★ フラーレンC_{60}の原子配列モデル（立体視）

 ## 最小のフラーレン

　C_{60}は、フラーレンの構造における二つの重要な規則である、「オイラーの法則」と「孤立五員環則」を満たしている。オイラーの法則とは、五員環の数はつねに12個であり、多面体の面、頂点、辺の数を、F、V、Eとすると、$F + V = E + 2$ が成り立つ法則である。C_{60}では、F=32、V=60、E=90 となる。

また C_{60} は、炭素原子が 5 角形と 6 角形の輪になった、五員環と六員環からできている。仮に、五員環が並んで配列する構造を考えてみると、結合の歪みが大きくなりクラスターが不安定になる。そこで、炭素の五員環同士の間に必ず六員環が入り、五員環同士が離れて配列することを、孤立五員環則と呼ぶ。C_{60} は、孤立五員環則を満たす、最小の炭素クラスターである。実際にスポーツ用品店で、サッカーボールを眺めてみてもらいたい。5 角形の周りは、すべて 6 角形になっているだろう。

それでは、この孤立五員環則に当てはまらない炭素クラスターはあるのだろうか？ 実際に、C_{20} や C_{36} クラスターが報告されている。図に示すように、C_{20} では、六員環は全くなくて、すべて五員環だけでできている。ただ実際には、五員環だけの C_{20} は不安定で寿命が短くすぐ壊れてしまう。そのため、外側に水素原子をつけて安定にした $C_{20}H_{20}$（ドデカヘドラン）が、1982 年に報告されている。

C_{36} は、独立した分子ではなく、分子が結合した固体クラスターとして報告されている。C_{36} では五員環同士が一部つながっている。六員環の数は 8 個で、C_{60} の 20 個より少ない構造である。C_{36} は、C_{60} と比べて、ある特殊な条件でしか合成できない。

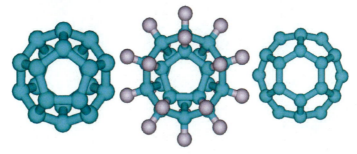

★ C_{20}、$C_{20}H_{20}$、C_{36} の原子配列モデル

原子内包フラーレン

内部に他の原子が入ることができる程度の空間をもつ構造を、ケージ構造と呼ぶ。ここでは特に、C_{60} などフラーレンを中心としたケージ構造を、フラーレンケージ構造と呼ぶ。

フラーレンケージ構造の内部には、π（パイ）電子と呼ばれる電子の広がりがある。この π 電子とは、炭素原子同士を直接つないでいる σ（シグマ）電子とは異なり、原子同士の結合に垂直に広がっている電子である。フラーレンの場合、炭素原子の 6 員環と 5 員環構造の結合は、σ 電子によるもので、その面に垂直な方向、つまり C_{60} の内部と外部に π 電子が広がっている。

ここで、C_{60} の内部に着目してみると、π 電子の広がりを差し引いても、原子が入

第9章 フラーレン物質

ることのできる空間があり、構造によっては2、3個の原子も入る。このように、他の元素が入ったフラーレンを、原子内包フラーレン（メタロフラーレン）と呼ぶ。

原子内包フラーレンの一例として、窒素原子内包フラーレン N@C_{60} を、図に示す。ここで、「@」の記号は、@の前の元素（窒素：N）が@の後ろの C_{60} クラスターに内包することを意味している。このような原子内包フラーレンは、これ自体があたかも1個の巨大な原子のように振る舞い、スーパーアトムとも呼ばれる。

フラーレン C_{60} の発見以来、カーボンクラスターに原子を内包させ、スーパーアトム特性を発現させる試みが、世界中で精力的に行われている。他にも、危険な放射性元素をこの中に閉じ込めて、体内に注入し外側からその放射性元素がどこに移動していくのかを追っていくトレーサー応用なども期待される。

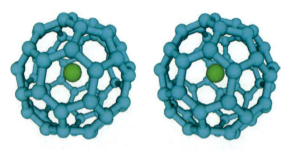

★ 窒素原子内包フラーレンN@C_{60}の原子配列モデル

コラム　心眼とノーベル賞

科学の世界でこんなことを言っていいのかわからないが、その人の持つ直観的な「心眼」つまり「心の眼」も、重要な役割を担っている。

ある人は、その実験事実から何も重要なことを見出せないが、「心眼」を持っている人は、同じデータから重要な事実を発見したりする。この心眼は、もちろん経験や訓練である程度は能力が向上する。しかし意外と素朴で素直な人の方が、心眼が発達していたりするのが面白い。

1996年のノーベル化学賞となったフラーレン C_{60} の発見においても、心の眼が、重要な役割を演じた。クロトーが C_{60} を発見する前年に、エクソンのグループが似たようなデータを得ていたのに、その大発見を見逃してしまったのである。さらにさかのぼれば1970年に、C_{60} の存在を理論的に予言した大澤映二は、もっと惜しかった。また2002年ノーベル化学賞となった田中耕一も、他の人には見えなかった質量分析のピークを彼一人が見出していたという。

このようなことはここで主張しなくても、サン・テグジュペリの「星の王子様」にもある、「大事なものは目では見えない。心でしか見えないんだ。」という有名なフレーズを思い起こせばよい。科学の世界に限らず、日常生活から人生まであてはまりそうな名句ではないだろうか。

半導体工学において非常に重要である Si 原子も、ある特殊な合成方法によって C_{74} の中に内包された（図）。クラスターの質量をはかる、質量分析法という方法によって、SiC_{74} クラスターが多量に検出された。C_{60} ではなく、C_{74} に内包するのは、Si 原子が大きく C_{74} に入ったほうがエネルギー的にも安定なためと考えられる。

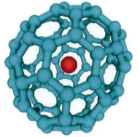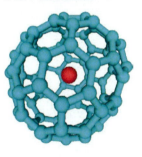

★ シリコン原子内包フラーレン $Si@C_{74}$ の原子配列モデル

このように、炭素原子数が 60 個より多くなったフラーレンを、高次フラーレンとも呼ぶ。またクラスターのサイズが大きくなると内部に入る原子の数も増える。例として、Sc 原子が 3 個内包された $Sc_3@C_{82}$ の原子配列モデルを図に示す。

C_{60} フラーレン自体は、エネルギーギャップが 1.7 eV と、半導体的特性をもっている。そして炭素原子が増えていくに従って、エネルギーギャップが小さくなり金属的になっていく傾向がある。また内部に原子を導入すれば、通常は、エネルギーギャップが小さくなり、金属的になる。導入する原子や個数を選択していくことにより、さまざまな特性をコントロールできることが期待される。

これらのメタロフラーレンの大きな問題は、分離が難しいことである。きちんと分離したメタロフラーレンであれば質量分析などの解析ができるが、分離できない場合は、高分解能電子顕微鏡による検出なども一つの有力な方法となるであろう。

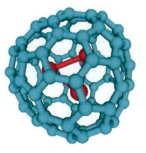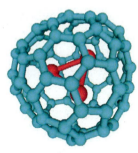

★ 原子内包フラーレン $Sc_3@C_{82}$ の原子配列モデル

BNクラスター

フラーレンケージ構造は、炭素系だけにとどまらない。1995年に、炭素ではなく、周期表で炭素元素の両側にある、ホウ素(B)と窒素(N)からなる、BN（窒化ホウ素）ナノチューブが、アメリカのZettlらのグループによって発見された。

さらに合成は困難ではあるが、BN系においてC_{60}のような、ケージクラスターが電子顕微鏡により報告されている。BNクラスターは、未だ大量に分離されていないが、今後の発展が期待される。このBNクラスターの一例として、$B_{36}N_{36}$の原子配列モデルを図(a)に示す。八面体の頂点の位置には四員環があり、残りはすべて六員環である。BNクラスターの場合、C_{60}とは異なり五員環ではなく、四員環が6個あり、それぞれの四員環が離れて存在する孤立四員環則を満たしている。孤立四員環則を満たす最小のBNクラスターは、$B_{12}N_{12}$である（図b）。

フラーレンC_{60}は、エネルギーギャップ1.7 eVの半導体である。一方、BNはエネルギーギャップが約5 eVと非常に大きく、発光効率が高い直接遷移型のバンド構造である。このようなBNクラスター中に、原子やクラスターを内包することで電子を閉じ込めることができ、フラーレンでは達成できない、新しい応用が期待される。

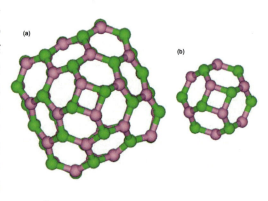

★ (a) $B_{36}N_{36}$及び、(b) $B_{12}N_{12}$の原子配列モデル

カーボンオニオン

フラーレン物質は一般的に、アーク放電と呼ばれる3000 ℃以上の高温で合成されるが、電子ビーム照射というまったく別の方法で、新たなカーボンクラスターが形成された。図は電子顕微鏡で合成した、カーボンオニオン構造である。一見、たまねぎのような形をしているので、オニオン（たまねぎ）と呼ばれている。図(a)は、アモルファスカーボンへの電子ビーム照射により合成した、炭素原子が約3000個のカーボンクラスターの電子顕微鏡写真であり、図(b)はその30秒後の写真である。

電子顕微鏡で見ていると、表面が激しく振動し構造が変化していく。図(a)の矢印で示した位置に頂点が見られるが、これらの位置には、五員環の炭素結合が存在していると考えられる。また、これらの頂点位置では、「原子雲」と呼ばれる炭素原子のホッピング現象が観察される。つまり、電子ビームによる炭素原子の弾き出しで、一度、炭素原子がオニオンの表面から飛び上がるが、また表面に戻ってくるのだ。このような現象は、六員環に比べて、頂点位置の五員環の結合力が弱いためであると考えられる。

第9章　フラーレン物質

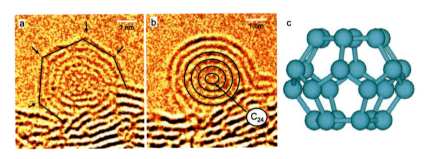

★ (a) カーボンオニオンの格子像、(b) (a)の30秒後に形成した楕円体オニオン、(c) C_{24} クラスター

　図(b)の中心部の楕円形のクラスターは、図(c)のC_{24}クラスターと考えられる。C_{24}クラスターは五員環同志が接しているためC_{60}と比べると不安定な構造であるが、周囲のオニオンクラスターによりその歪みエネルギーを維持していると考えられる。

　次図(a)の電子顕微鏡写真は、アモルファスカーボンである。アモルファスとは、原子の並び方がランダムで規則性がない構造で、炭素原子がランダムにばらばらに並んで存在している。このアモルファスカーボンに、1250 kVという超高電圧の電子ビームを30分間照射すると、図(b)に示す「正四面体カーボンオニオン」ができた。

　正四面体オニオン構造として、C_{168}の構造モデルを図(c)に示す。正四面体オニオンの各頂点部分は六員環からなり(図中★印)、頂点の周りに三つの五員環が存在し、ほかの部分は六員環のみで構成されている。このようなオニオンができる原因は、電子ビームによる炭素結合の切断と、表面張力による構造変化と考えられる。この正四面体構造は、より安定な球状構造に変形しやすいが、オニオンの外側に存在する炭素の層によって四面体構造が保たれているのであろう。

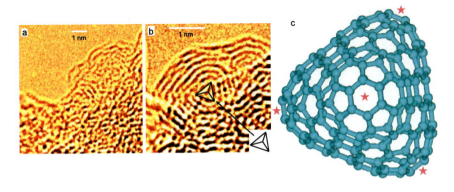

★ (a)アモルファスカーボン、(b) (a)に電子線照射後形成した4面体オニオン、(c) C_{168} 正四面体

107

第9章 フラーレン物質

 ## フラーレンの応用

宇宙空間で4番目に多い元素である炭素(C)をベースとし、それにホウ素(B)や窒素(N)も組み合わせた、「C-B-Nフラーレン物質」は、人間や地球環境にもたいへん優しい。このようなC-B-Nフラーレン物質に、グラファイトやダイヤモンドまで加えると、21世紀には従来のSiデバイスを超越したオール・カーボン・エレクトロニクスが誕生する可能性さえ秘めている。

1991年には、フラーレンC_{60}に微量のカリウムを入れると、18 Kで超伝導になることが発見され、さらにCs_2RbC_{60}が33 Kで超伝導になることが見出され大きな話題となり、フラーレン研究が爆発的に広まるきっかけとなった。超高速デバイスやマグネットの応用が考えられる。

また2001年には、高温高圧のもとで、磁石になることが発見された。通常、磁石には金属原子が必要であるが、最近金属を含まない分子磁石が発見されつつある。その中でこのフラーレンは、磁性も強く軽軽量の磁石として期待される。フラーレンの特性を生かして、太陽電池、ナノトランジスタ、光センサー、電子写真感光体、ナノボールベアリング(固体潤滑材)、三次非線形光学素子、超高速光スイッチング素子、気体貯蔵(水素分子・酸素分子・アルゴン原子の閉じ込め)、新結晶合成(Super-atom)、医薬品、化粧品など、様々な応用が考えられている。

> **コラム　玉ねぎと長ネギ**
>
> 玉ねぎの形をしたカーボンオニオン構造は、数多くの研究が報告されている。筆者もその一人であるが、別にオニオン構造をあえて形成しようとしたわけではなく、偶然できてしまったというのが正直なところだ。強い電子ビームを照射すると結構簡単にできてしまうのである。
>
> この玉ねぎ構造にさらに電子ビームを照射し800 ℃で高温加熱すると、この玉ねぎの表面張力による圧力で中心部分にダイヤモンドができるという驚くべきデータも報告されている。このようなオニオン・玉ねぎ構造に加えて、ナノチューブ構造が見出されて幅広く研究されているが、これらのナノチューブは長ネギ構造をもっている。なぜ炭素原子から、「玉ねぎ」や「長ネギ」が生み出されたのか定かではないが、まさに自然界の妙と言えるのではないだろうか。

 ## 医薬品・化粧品

フラーレンの応用のうち、化粧品はすでに実用化され販売されている。また医薬品に関しても、かなり研究がすすんでいる。ここでは、これらについて紹介する。

フラーレンC_{60}の大きな特長は、非常に高い安定性と優れた抗酸化力にある。体にダメージを与える「活性酸素」がストレスや紫外線などによって発生するが、C_{60}の抗酸化力が活性酸素の働きを抑えてくれる。

老化につながる活性酸素を抑える物質として、緑茶に含まれるカテキンやビタミンC誘導体などが知られている。C_{60}は、このビタミンC誘導体の100倍以上もの効果を持つと言われる。これを利用して、肌の老化をくい止めようとするわけである。美しさを追求する女性たちの執念にはすごいものがある。

フラーレンC_{60}は、抗エイズ薬としての利用も考えられ、すでに臨床試験が行われている。ヒト免疫不全ウイルス（HIV・エイズウイルス）は、増殖しようとしてHIVプロテアーゼという酵素を作る。このときフラーレンが、HIVプロテアーゼに空いている空洞に入りこんで、酵素の働きを止めてしまうのである。

バルクヘテロ接合型太陽電池

現在市販されているシリコン系太陽電池は、製造コストが高く、低コスト化が不可欠である。この問題を解決する一つの方向として、無機太陽電池に比べはるかに簡易で低コストで作製できる有機薄膜太陽電池が注目を集めている。このn型有機半導体としてC_{60}誘導体が広く使われ始めている。有機薄膜太陽電池は、軽量であり、大面積プリント法にも対応可能、フレキシブル基板を用いることができるなどデザイン性にも優れ、使用場所を選ばない。

課題としては、効率の改善、耐久性の向上が挙げられる。効率改善の一手法として、pn界面を増やすバルクヘテロ接合構造が開発された。現在実用化されているSi系無機太陽電池などのpn接合は、ホモ接合またはヘテロ接合をもつが、励起子の電荷分離がpn界面で生じるため、pn界面が多いほど電荷生成量が増加する。半導体層を積層構造ではなくナノメートルオーダーの混合構造にして、pn界面を増加させ、励起子の電荷分離を促進した構造だ。

水素貯蔵

電気エネルギーの安定供給は、人類の未来にとって生命線である。しかし、化石燃料枯渇、原子力エネルギーの制約、二酸化炭素による地球温暖化等、問題も多い。そこでクリーンな「水素エネルギー」が大きな注目を集めている。

水素を用いた燃料電池への応用として、携帯電話、ノートPC、デジタルカメラ、燃料電池自動車等がある。燃料電池自動車は水しか排出しないので、非常にクリー

ンである。この実現のためには、水素貯蔵タンク以外の、軽量・コンパクト・安全な水素の貯蔵が課題となる。フラーレン物質は、内部が空洞であるケージ構造を持ち、軽くて搭載性に優れているので、水素貯蔵材として有望な材料だ。また炭素系に加えて、BN系は耐熱性もある。

分子動力学計算をしてみると、水素分子が6員環からC_{60}内に導入されていく様子が観察された。$B_{36}N_{36}$、$B_{60}N_{60}$クラスターの水素吸蔵計算結果においても同様の結果が得られたが、炭素系より低いエネルギーで貯蔵できることがわかった。以上のように、C-B-N系フラーレン物質の水素吸蔵材としての可能性が期待される。

コラム　Crazyな研究

「You work too hard! You should go home!（働きすぎだ！家に帰りなさい！）」。
筆者が、スウェーデン国立高分解能電子顕微鏡センターに就職して間もなくのことである。夕方6時くらいまで働いていたところ、研究室に立ち寄った同僚にこう言われたのだ。

朝8時には仕事が始まる。10時、3時のコーヒータイムには、コーヒールームは研究室全員が集合しにぎやかになる。ところが夕方5時過ぎると、皆帰ってしまうため、研究室に一人いるのが寂しいというより怖いくらいだ。

筆者の所属していた研究室では、クラスター、ゼオライト、強誘電体、半導体超格子、光合成物質、薄膜触媒、量子ドット、蛋白質、鉱物、準結晶、フラーレン・ナノチューブ、バイオセラミックスなど、様々なテーマをとりあつかっていた。しかし、最近は予算の都合上、バイオ関係に力を入れているようだ。

科学予算の審査では、申請者の論文リストを、国際学会誌のランキングリストのポイントに照らしあわせ、またその人の論文の引用率をコンピューターでチェックする。まるで日本の受験戦争の偏差値みたいであるが、ある意味では合理的な審査方法でもある。

この論文のランキングでは、生物医学系が圧倒的に高い。材料系は残念ながら、ネイチャーとサイエンス以外はあまり高くない。コーヒータイムでも「我々は間違ったことをやっている」という、冗談とも本気ともつかない会話がなされていた。

スウェーデンと言えばノーベル賞である。研究室の廊下には、多くの受賞者のポスターが張られている。筆者が在籍していた1996年のノーベル化学賞は、フラーレンの発見であったが、この授賞をテレビ報道したのが隣の研究室の教授であったり、受賞者はルンド大学にも来て講演を行うが、講演後数ヶ月研究室にも滞在したりして、結構身近に感じられる。

最後になるが、コーヒータイムに「日本人は Crazy なことをしないからノーベル賞がとれないんだ」と冗談まじりに言われた。かくいう筆者も Crazy なことはなかなかできない。たまには何かユニークで突拍子もないアイデアでも浮かばないものかと、頭をひねって考えている今日この頃である。

第10章

ナノチューブ・ナノホーン

第10章　ナノチューブ・ナノホーン

 ## カーボンナノチューブの発見

　1990年にフラーレンの大量合成法が発見され、多くの研究者がフラーレン研究を開始した。そのような中で1991年に飯島澄男が、カーボンナノチューブ（CNT）を発見し、ネイチャーに発表した。フラーレン合成でアーク放電した炭素電極から、電子顕微鏡で発見したのだ。

　カーボンナノチューブは、初めはアーク放電法で合成されていたが、レーザー蒸発法や、化学的気相成長法など、さまざまな方法で大量に合成されるようになっている。また金属から半導体まで変化し、さらには超伝導や量子効果、超高強度材料、水素吸蔵材料など、さまざまな性質を示す。そのため、ノーベル賞のフラーレンを追い越すくらいの、ナノテクノロジーの「顔」と言ってもいいくらいだ。現在、基礎研究に加えて、さまざまな応用面でも、爆発的に研究開発が進んでいる。

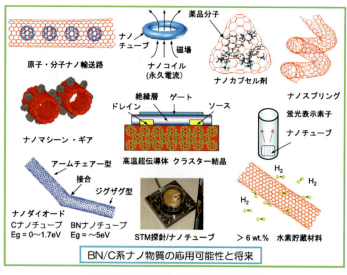

★ BN/C系ナノ物質の応用可能性と将来

 ## カーボンナノチューブ―円筒の中空構造

　カーボンナノチューブは、炭素原子の六員環ネットワークが円筒状になったものである。フラーレンと同じように中は空洞である。図に示すように、この炭素六員環の並び方で、構造が変わる。基本的に、ジグザグ型とアームチェア型があり、その間の構造をカイラル型という。

112

ナノチューブの構造の重要な点は、炭素原子だけからできているにもかかわらず、六員環の巻き方や直径によって、金属から半導体に性質が変わることである。バンドギャップが、0 eVから1.7 eVくらいまで変化する。同じ元素で、他の原子を入れるドーピングもせずに、これだけ性質がかわる物質はほとんどない。一つの元素で、これだけ性質が変えられるのであるから、非常にシンプルである。

基本構造を、ナノチューブ軸の方向にどんどん延長していくと、次の図のように長く成長したナノチューブができる。直径は1 nm程度から、100 nmくらいの大きなものまである。また長さも長いものだと1mmくらいまでできる。

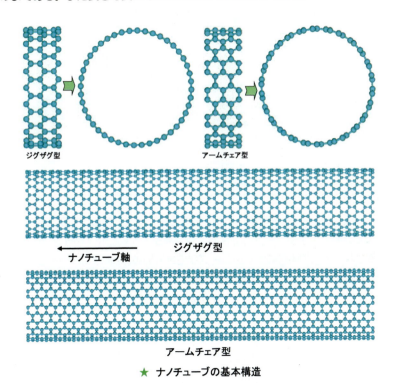

★ ナノチューブの基本構造

ナノチューブ先端－五員環によるキャップ

伸びたナノチューブの端はどうなるのだろうか。開いたままのものもあり、その場合は、外側から原子や分子などを入れることもできる。

一方、ナノチューブの端が閉じたものもある。閉じるためには、六員環に加えて、五員環が必要になる。ちょうどフラーレンが、かご状になるのに五員環が必要

なのと同じである。閉じるためのふた（キャップ）の構造が、C60の構造とC36の構造のものを図に示す。ふたをすれば、ナノチューブの内部は、周囲から孤立した中空体となる。

このキャップを開けたい場合もある。ナノチューブの中に何か別のものを入れる場合だ。空気中で600℃くらいまで温度を上げると、キャップの五員環の部分が、酸素と反応する。ナノチューブのキャップの炭素と酸素が反応して、二酸化炭素となるのだ。これで先端のキャップがなくなり、開いたナノチューブができる。

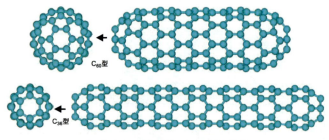

★ ナノチューブの端のキャップの構造

● BNナノチューブ―優れた絶縁性

窒化ホウ素（BN）は、周期表の炭素原子の両隣の元素である。さまざまな特性が炭素と似ていて、ナノチューブもできる。窒素原子（N）とホウ素原子（B）が交互に六員環となって、円筒状のナノチューブができている。BNナノチューブもカーボンナノチューブと同じように、ジグザグ型、アームチェア型、カイラル型がある。ただ実験では、ジグザグ型ナノチューブが多く見つかっている。

BNナノチューブは、カーボンナノチューブと異なり、構造によらず6eV程度のエネルギーギャップをもっている。カーボンナノチューブよりも電気的絶縁性に優れているので、ナノチューブの内部を、外部から電気的に隔離でき、ナノレベルの電気ケーブル等の応用が考えられる。

このBNナノチューブをはじめとする「BNナノ物質」の特徴を表にまとめた。構造として、カーボン系では5、6、7員環がメインであるが、BN系では4、6、8員環がメインとなる。また大気中の耐熱性でも、カーボン系の600℃よりも高い900℃まで安定である。

一番の大きな違いは、電気特性とバンド構造である。完全な絶縁体（ワイドギャップ半導体）であり、さらにレーザー発光に有効な直接遷移型のバンド構造をもつ。またこの性質は、ジグザグ型やアームチェア型などの巻き方や直径にほとんど影

を受けない。よって、外側の電気的条件から隔離された環境をつくることができ、カーボンナノチューブと組み合わせたさまざまな応用可能性が期待される。

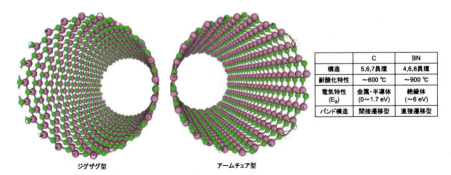

★ 窒化ホウ素ナノチューブの構造、六方晶炭素（C）と六方晶窒化ホウ素（BN）ナノ物質の性質

多層・バンドル型ナノチューブ

　これまでみてきたのは、一層だけでできた単層ナノチューブである。実際のナノチューブでは、入れ子状に次々とナノチューブが入ることも多い。二層構造になった二層ナノチューブを図に示す。実際にはさらに、4層、6層のような、多層ナノチューブもよく見られる。最初に飯島が発見したカーボンナノチューブも、多層ナノチューブである。さらにナノチューブが束（たば・バンドル）状にならんだ、バンドル型ナノチューブも見つかっている。このバンドル型ナノチューブは、チューブの間にすきまがあるので、そこに水素などのガス・気体分子を貯蔵させることが試みられている。

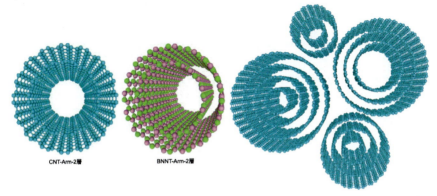

★ 二層でできたカーボンナノチューブ（左）とBNナノチューブ（中）と、バンドル型ナノチューブ

第10章　ナノチューブ・ナノホーン

　実際の多層BNナノチューブの電子顕微鏡写真が図(a)である。この中にはバンドル型のチューブもある。(b)は、一本の4層ナノチューブの拡大写真である。外側の黒い点が横並びになっている4層がナノチューブの層である。ナノチューブの中心部分を拡大した写真が(c)である。窒素原子とホウ素原子の六員環を表した写真で、ジグザグ型であることがわかる。ナノチューブの外側の層の部分を拡大した写真が(d)で、黒い丸は窒素原子とホウ素原子のペアである。このようにして、電子顕微鏡でナノチューブの構造を、ダイレクトに明らかにすることができる。

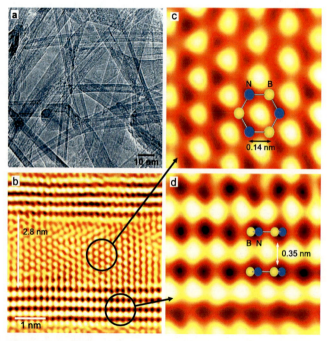

★　二層でできたカーボンナノチューブ(左)とBNナノチューブ(中)と、バンドル型ナノチューブ

● カップスタック型・コイル型ナノチューブ

　カップ状の構造が積み重なった、カップスタック型ナノチューブも合成されている。図に示すように、カーボン（上）とBN（下）のどちらでも、カップスタック構造ができる。カップのすきまから、アルゴンガスがナノチューブのなかに入り、ガスを貯蔵できるという報告があり、ガス貯蔵材料として期待される。また、スキー板にカップスタック型ナノチューブを埋め込み、スキー板のたわみをうまく利用する技術も研究されている。

またまっすぐなナノチューブではなく、コイル型のらせん構造のナノチューブも発見されている。ナノスケールでのバネ、つまりナノスプリングとしての応用が期待されそうである。

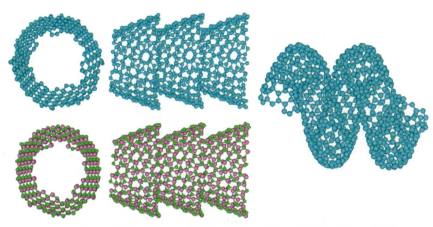

★ カップスタック型カーボン（上）・BN（下）ナノチューブとコイル型ナノチューブ（右）

ピーポッド型ナノチューブ

カーボンナノチューブの中に、フラーレンが入った構造も作られている。「ピーポッド（さやえんどう）」型ナノチューブと呼ばれる。さやがナノチューブ、えんどう豆が、フラーレンである。ピーポッド型ナノチューブの構造を示す。さらに、金属が中に入ったメタロフラーレンをナノチューブに入れた、ピーポッドも作られている。このピーポッドは、電界効果型トランジスタとして期待され研究が行われている。

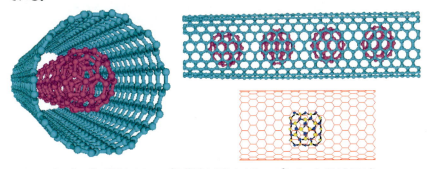

★ ピーポッド型ナノチューブの構造とBNナノチューブに入ったBNクラスター

カーボン系に加えてBN系でも、BNクラスターがBNナノチューブに内包されることが発見された。理論計算によると、BNクラスターは、BNナノチューブの中に入ると、エネルギーが減少して安定になるようだ。このようなクラスターだけでなく、金属原子を直接入れたり、他の分子を入れたりする試みも行われている。特にエレクトロニクスへの応用が期待できそうだ。

ナノホーン

カーボンナノホーンという、円錐状の構造も発見された。レーザーをグラファイトにあてると、うにや栗のイガのように、放射状に成長するナノホーンができる。BNにも同じようなナノホーンができる。カーボンの場合は、1層のグラファイトシートからできている、単層ナノホーンである。一方BNの場合は、2層以上の多層ナノホーンができる。理論計算からも、層が重なると安定になることがわかっている。またBNの場合、さまざまな頂点角度のナノホーンができる。下図は、ナノホーンの頂点に4員環がある、2層構造のBNナノホーンである。

カーボンナノホーンは、水素を用いた燃料電池の、電極材料としての応用が期待されている。触媒の白金粒子がナノホーンによって分散され、発電出力が向上して、電池の寿命がよくなると言われている。また、燃料電池にも使えるメタンなどのガスを多量に吸着するので、ガス吸蔵材として、実用化も近いと言われる。

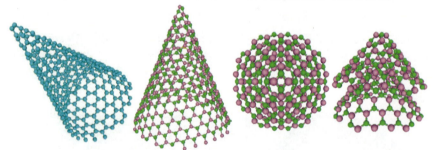

★ カーボンナノホーン、BNナノホーンと2層が積層したBNナノホーン

5回対称BNナノ粒子

BNナノホーンで、頂点角度が112度と大きい構造がある。理論計算の結果から、エネルギー的にかなり安定な構造だ。またナノホーンが積み重なった積層構造になると安定になる。このナノホーン構造が成長していくと5角形のナノ粒子になる。

図は、頂点の角度が112度のナノホーンと積層構造である。このナノホーンが成長していくとナノ粒子になる。図(a)は、BNナノ粒子の電子顕微鏡写真である。ところどころにヒトデのような粒子が見える。(b)が一つの粒子の拡大写真である。合成条件を変えると、(c)や(d)のように、さまざまな形や大きさのBNナノ粒子ができる。(e)の電子回折パターンから (f)の構造モデルをもつことがわかった。これは、頂点角度が112度のナノホーンと同じ構造である。これは、六方晶BNが5つ集まってできた、多重双晶粒子と呼ばれるものである。

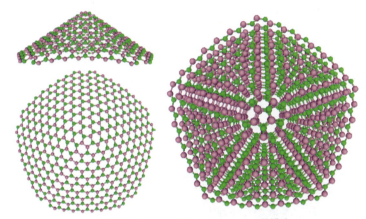

★ 頂点角度が112度のナノホーンと4層構造

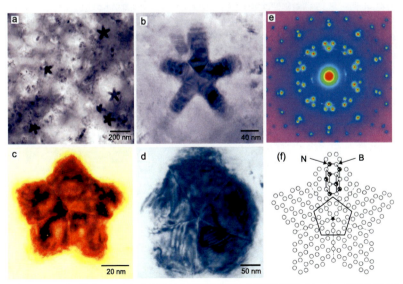

★ (a)BNナノ粒子、(b-d)合成条件による構造の違い(e)電子回折パターン、(f)構造モデル

第10章 ナノチューブ・ナノホーン

コラム　平和のシンボル5点星

　夜空に輝く星の絵をかくとき、なぜ5回対称の5点星を描くのか。またアメリカの国旗にあるように、世界中の国旗の中で「5点星」がもっとも多く使われている。これは、5回対称の星型が、多くの人々に平和のシンボルとして愛されていることを示している。ここに述べたBNも不思議なことに5回対称の5点星構造となっている。
　この5角形の中には、必ず現れてくる、ある数値がある。それが黄金比 τ（タウ：$\tau=(1+\sqrt{5})/2=1.618\cdots$）である。この黄金比 τ は、芸術家や建築家によく知られ、快く調和に満ちた比率として、数多くの絵画やミロのヴィーナスのような彫刻などの芸術作品、さらには様々な建築物やエジプトのピラミッドのような建造物にも用いられてきた。また自然界においても、ホラ貝やオウム貝、さまざまな花弁などに、幾何学的に調和のとれた黄金比 τ が現れている。またバッハなど癒しの効果をもつ音楽の中には、黄金率 τ に関わる和音を含んでいるという考え方も出されている。

コラム　5回対称で空間を埋める？

　三角形、四角形、六角形で平面を埋めることはできる。それでは、五角形ではどうだろうか。五角形ですきまなく平面を埋めることはできないことがわかるだろう。同様に結晶には、3回対称、4回対称、6回対称性はあっても、5回対称性は存在しないものと思われていた。ところが1984年にダン・シェヒトマンにより、5回対称性をもつ物質（Al-Mn合金）が発見され、固体物理学に大きな衝撃を与えた。この物質は準結晶と名づけられ、結晶としての並進対称性はないが、高い秩序をもって原子が配列している。
　5回対称性を保ちつつ平面を埋める方法を考え出したのが、イギリス・オックスフォード大学の物理学者ロジャー・ペンローズであり、ペンローズパターンと呼ばれ特許にもなっている（右図）。これは二種類の菱形によるもので、同様にして等面菱形多面体により5回対称性を保ちつつ空間を埋め尽くすことができる。ペンローズは、量子脳理論や量子重力理論の分野でも有名である。

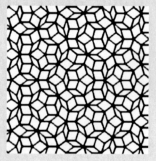

第11章

生体関連物質

DNA－二重らせん構造

　人間の体は、約 60 兆個の細胞でできている。最初の受精卵である単細胞から、細胞分裂でこれだけの個数になる。人間の細胞分裂は 60-100 回が限界で、その後は老化する。細胞の中には核があり、そのなかに遺伝の情報（遺伝子）がある。遺伝情報は、DNA（デオキシリボ核酸）で決まっている。遺伝子は、遺伝情報の最小単位で、1 つのタンパク質の情報が基準になっている。分子レベルでみると、地球上のすべての生物（植物・動物・細菌など）は基本的にほぼ同じだ。信じがたいかもしれないが、生物は、DNA、たんぱく質、脂質、糖類からできていて、その原料はみな同じである。違うのは、生物の設計図である DNA である。DNA が違うだけで、これだけ多種類の生物ができているのだ。DNA は二重らせん構造をもち、二重らせん部分には、デオキシリボースとリン酸がある。その内側には、アデニン（A）、チミン（T）、グアニン（G）、シトシン（C）の 4 種類の塩基とよばれる分子がある。図に示すように、A は T と、G は C と弱く水素結合している。すべての生物は、この二重らせん構造をもっている。違うのは A－T、G－C の並ぶ順番だけである。たったそれだけの違いで、地球上にこれだけたくさんの生物がいるのである。この DNA の中の、A-T、G-C の配列は、その生物の設計図である。この設計図をもとにたんぱく質がつくられ、それぞれの生物ができあがる。またこのたんぱく質も、20 種類のアミノ酸のみからなり、すべての生物に共通である。つまり分子レベルでは、すべての生物は同じものからできているのだ。

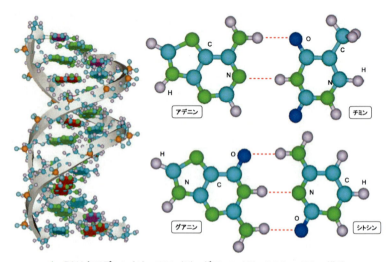

★　DNAとアデニン(A)、チミン(T)、グアニン(G)、シトシン(C)の構造

第11章 生体関連物質

> **コラム**　　DNAとノーベル賞
>
> 　今では DNA が二重らせん構造になっていることは、中学生でもしっている。これを最初に発見したのが、ケンブリッジ大学キャベンディッシュ研究所のジェームズ・ワトソンとフランシス・クリックである。当時、DNA の構造が解明できれば、世界中で大きなインパクトがあることがわかっていたから、競争も激しかった。彼らは、実際に DNA の実験データをもっていたわけではない。他の研究者はデータをなかなか見せてくれなかったが、ワトソンはモーリス・ウィルキンスらの X 線回折の写真を見せてもらうことで、らせん構造がひらめいたという。
> 　そして DNA の二重らせん分子構造を解き明かしたのである。この結果は 1953 年に、イギリスの学術誌ネイチャーに発表された。たった 2 ページ程度の短い論文であったが、分子生物学に大きな発展をもたらした。そして、ワトソン、クリック、ウィルキンスは、1962 年にノーベル生理学・医学賞を受賞した。
> 　時は流れて、2006 年のノーベル化学賞と生理学・医学賞は、DNA の遺伝情報を基に、RNA（リボ核酸）を通して必要なたんぱく質を作ったり、不要なたんぱく質が作られるのを防ぐ仕組みを解明した研究に授与された。

　あまり考えたくないが、大腸菌で明らかになったことは、人間にもあてはまるということが、実際あるのである。人間の場合、約 30 億個の A-T、G-C のペアが並んでいる。DNA の 2 重らせん構造は、A-T、G-C が並んでいる順番を安定に保存できる。ただ情報の読み出しのときには、そのままでは読み出せない。そこで二重らせんの片方だけを、RNA というものにコピーして、それからたんぱく質がつくられる。

ゲノム－遺伝の全情報

　DNA 中の遺伝の全情報を、ゲノム（全遺伝情報）という。人間のゲノムである全遺伝情報の、A-T、G-C の並んでいる順番（31 億個！）を全部読み出して、2003 年 4 月 14 日に全ゲノム読み出しが終了した。ちょうど DNA 二重らせん発見から 50 年である。A-T、G-C のペアの配列によりできたたんぱく質中の、ひとかたまりの遺伝の情報を遺伝子という。人間の場合、遺伝子数は 2 万〜2 万 5 千個である。人間とチンパンジーのゲノムをみると、なんと 1.2％しか違わない。ほぼ 99％は、DNA 中の分子配列が同じなのだ。

　さらに人間同士を比べてみると、遺伝子構造は、たったの 0.01％しか違わない。人間は人種がいろいろと違うようにみえるが、99.99％同じ配列をもっているのである。逆に言えば、この 0.01％の違いが、髪や目や肌の色など、さまざまな違いとなって現れる。また、遺伝による病気などにも関係してくる。DNA 鑑定も、この微妙

123

な違いを見つけだして、判定している。

　病気のかかりやすさや、薬品に対する効果が、遺伝子によって人それぞれ微妙に違うと言われている。そこで、その微妙な遺伝子構造の違いを利用した医療が考えられている。テーラーメード医療またはオーダーメード医療とよばれる。つまり遺伝子を読みとることで、どのような病気にかかりやすいか、どのような薬が効きやすいかが明らかになれば、一人一人の個別の医療ができるのである。このような方法で薬をつくるのをゲノム創薬といい、現在、世界中の製薬メーカーが競って研究を行っている。

バイオインフォマティクス－生物情報科学

　人間の遺伝情報が記録されているDNAは、膨大な情報をもつ。しかしこの情報は、DNA中の単なる分子配列であり、そこにどんな意味があるのかを、調べていかなければならない。分子配列だけから、分子配列がどんな意味をもつのかを明らかにすることはできない。そこで、他の生物のDNAなどと比較して、共通の分子配列を調べたりして、その分子配列の役割を明らかにする必要がある。そして人間の遺伝情報であるゲノムをどんどん明らかにしていこうとしているのだ。

　これはとても大変な作業で、コンピューターや情報理論を使いながら、膨大なデータをさぐっていかなければならない。インターネットなどで一般に利用できるデータベースにアクセスし（NCBI、DDBJなど）、DNAの配列の意味を見出していこうとしている。このように、生命を情報の流れとしてみて解析していく分野を、バイオインフォマティクス（生物情報科学）という。意味のある人間の遺伝情報ゲノムを明らかにしていくためにも、これから非常に重要になる分野である。

生命と原子配列

　最近のナノテクノロジーでは、原子一個一個を並べることも可能になってきている。原子をならべて文字を書くこともできる。
　しかしそれよりさらにすごいのは生命体である。自然の玄妙さを引き出し、美しいまでにナノ宇宙の自然に調和した方法で、原子を組み上げていく。どう考えても不思議としかいいようがない。
　生物の特徴は、①膜により外界と分離、②自己複製（遺伝子＋増殖）、③進化、④エネルギーによる物質変換、などである。しかしこの原子集合体から生命、そして意識が生まれることは、現代科学においても最大の謎といってもいいだろう。

原子集合体である生命体では、情報→エネルギー→物質の変換がおこる。2003年
についに人間の全ゲノムが解読されたが、このDNAの原子配列の中に、人間の全情
報があるということには、まったく驚く。この人間生命体の形成は、複雑系熱力学
での説明も試みられている。しかし、単に原子がひとりでにきれいに配列し、DNA
がならんで成長して、生命ができるものだろうか？ 生命の神秘はつきない。

> **コラム　　　光と量子脳理論**
>
> 　量子脳理論という分野がある。原子レベルから量子論の考え方を使いながら、脳細胞の構
> 造をしらべていく。そして、脳の中で何が起こっているか、心とは何かについて調べる理論で
> ある。一つの面白い結果が示されている。
> 　脳細胞の中で、水分子の電気双極子がそろい、波動のそろったコヒーレントな光がでてい
> るというのだ。これはトンネルフォトンとよばれる、特殊な光の集合体である。ふつう、このよう
> なコヒーレントな状態は低温でしかおこらない。しかし、理論計算の結果、ちょうど体温くらい
> でもコヒーレントな光であるトンネルフォトンがあらわれるという。そして、この波動のそろった
> 光の集合体が心の正体だ、という説が出されている。さらに、光の最も重要な保存場所が、
> DNAであるという報告もある。
> 　創世記でも「はじめに光ありき」という。どこまで本当かわからないが、光というのは、人間
> の生命や、心に大きくかかわっているのかもしれない。

生命と負のエントロピー—ビデオの逆回し？

　物理法則では、自然はランダムでばらばらな方向にすすんでいく。これをエント
ロピー増大の法則といい、物理学の中でも絶対といってもいいくらい基本中の基本
の法則である。

　ところが人間を含めた生命体では、原子が非常に複雑に配列する。不思議なこと
は、原子がひとりでに集まっているという点である（エントロピーの減少）。なぜ、
原子が集まらなければならないのか。ばらばらになると考えるのが自然ではないだ
ろうか。わかりやすいたとえとして、コップの中にインクを一滴落としたとする。
そうするとインクがだんだん広がって、最後にはコップ全体に広がって薄くなる。
これはごく普通におきる現象である。

　逆の場合はどうだろうか。コップに広がって薄くなったインクが、勝手に1点に
集まり始める。なにもしないのにどんどん集まってきて、最後には、一滴のインク
に戻ってしまう。まるでビデオを逆回ししているようである。人間の身体もほうっ
ておけば、ばらばらに崩壊していく。物理学的には、エントロピー増大の法則にあ

っていて自然である。ところが生きている身体は、ばらばらにならない。つまり身体は崩壊せずに、秩序を保って存在している。しかも自由に動かしたり、成長したり、心が生まれたりしている。物理学からみると、このような物質の働きは、「奇跡」としかいいようがない。

わかりやすく言えば、地面の土が勝手に動き出して、100階建てのビルがひとりでに勝手にできあがるようなものなのだ。なぜこんな奇跡的なことがおきるのか。

ノーベル物理学賞を受賞したシュレディンガーが、これに注目した。秩序のないばらばらの状態から、秩序あるものの形成を、「負のエントロピー」と呼び、生命メカニズムとして提案したのである。これと同じ疑問をもった人は他にも多数いたであろう。普通の研究者が言ってもあまり注目されないが、ノーベル賞受賞者が言うと皆が注目してくれる。

生命体における負のエントロピーをシントロピーと名づけ、その概念を広めた人物がいる。1996年のノーベル化学賞となった「フラーレン」の語源である、バックミンスター・フラーである。多数の発見・発明の業績とともに彼の先見の明を表しているのではないだろうか。負のエントロピーの概念は、科学の世界では受け入れられていないが、何かしら生命との関わりがあるように思える。

ヘモグロビン－呼吸の主役

我々は毎日呼吸をしている。食べ物や飲み物をとらなくてもしばらくは生きていられるが、呼吸しない無呼吸状態では、8分間が限界であるという。それくらい命綱といってもいい大切な呼吸である。我々は呼吸することによって、肺から酸素を取り入れている。ここでは赤血球が酸素を取り入れる。赤血球の中には、酸素をとりいれるためのヘモグロビンという蛋白質分子がある。

血液が赤いのはヘモグロビンのためであり、ヘモグロビンは、ヘムという鉄錯体と、グロビンというタンパク質からできている。ヘムの鉄の2価のイオンは赤色で、このために血液が赤く見えるわけである。ヘモグロビンは、ヘモグロビンαとβの2種類が2個ずつつながり、合計4つのユニットにわかれている。それぞれのユニットのなかにヘムが1個ずつある。ヘモグロビンαと、その一部のヘム構造を図に示す。鉄の原子のまわりにはポルフィリン環がある。5角形の形をしたピロール環が4つとりかこんでいる構造（テトラピロール環）である。ポルフィリン環の真ん中には金属のイオンが必要で、これがないと環状にならない。この中心の金属イオンは後で交換することができる。図のヘム構造は、Feの部分に酸素分子がついている。これをオキシヘモグロビンという。オキシヘモグロビンは、鮮やかな赤い色で、動脈の

血の色である。一方、からだのさまざまな部分に酸素を渡して、酸素がなくなったヘモグロビンを、デオキシヘモグロビンという。デオキシヘモグロビンは暗い赤色で静脈の血の色である。

　人間以外の、魚などの脊椎動物の血もヘモグロビンがあり赤い。一方、エビやタコなどの無脊椎動物の血には、中心部分の鉄イオンの代わりに、銅イオンがあるヘモシアニンが含まれるため青色である。オキシヘモグロビンとデオキシヘモグロビンの磁気特性の違いをうまく利用したのが、機能的磁気共鳴画像（fMRI）である。脳の活動によって、オキシヘモグロビンとデオキシヘモグロビンの濃度が変化するので、それをとらえて脳の活動を画像として見ることができる。

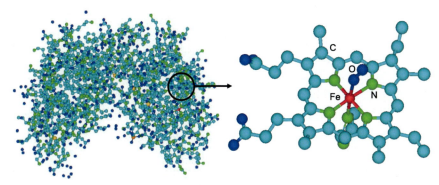

★　ヘモグロビンα(PDB:1HHO)と酸素がついたヘム構造（周囲の水素原子は省略）

コラム　精神と物質－心は分子の作用？

　1987年のノーベル物理学賞は、大騒ぎの高温超伝導に与えられた。一方、その年のノーベル生理学・医学賞は、利根川進博士である（多様な抗体を生成する遺伝的原理の解明）。科学の分野では日本人では唯一の単独受賞である。1億2千万円ほどの賞金は、受賞者で分割するので、単独であれば全額もらえることになる（うらやましい）。もちろん、それ以上にただ1人の受賞というのは大変名誉なことである。

　さて、その利根川博士はその後、心に関する研究に転じている。「精神と物質」という立花隆氏との本が出ているが、その中で、人間の精神と生命現象は、すべて物質で説明がつけられると語っている。つまり、筆者が今この原稿を書いているのも、読者の皆さんがこの本を読んでくださっているのも、すべて脳内の分子レベルの作用であるというのである。そして「自我はDNAの自己表現」とまで言っている。

　筆者は、正直この説に疑問を持っている。あくまでも直感的なものであり、科学的には説明できないが、果たして脳内分子のはたらきだけで、ノーベル賞が生まれるほどのとてつもない発想や発見がでてくるだろうか？　今後の展開に注目したい。

第11章　生体関連物質

葉緑体と光合成－二酸化炭素を酸素へ

　我々の地球を照らしている太陽。太陽は我々からみると、なんの見返りも求めずに、無限のエネルギーを与えてくれている。太陽の光によって、植物が酸素と炭水化物をつくりだし、それを人間や他の動物たちが食べて生きている。まさに太陽は命の源といえる。

　我々自身も太陽のエネルギーを直接吸収できればいいのだが、なかなかそれも難しく、植物が生み出した酸素や炭水化物でエネルギーを吸収している。このように植物は、地球上になくてはならないものであるが、植物の中では何が起きているのだろうか。

　植物が緑色に見えるのは、葉緑体があるからだ。この葉緑体の中には、葉緑素（クロロフィル）という色素があり緑色に見える。緑色は癒しの効果があるということは、植物とも関係があるのだろう。実際にはこのクロロフィルが青色と赤色の光を吸収して、残った緑色が見えている。

　このクロロフィルの構造を次にしめす。マグネシウム原子の周囲に、五角形の5員環（ピロール環）が4つあり（テトラピロール環）ポルフィリンとなっている。血液中で酵素を運ぶヘモグロビンのヘムも、光合成において光を吸収するこのクロロフィルも、いずれもポルフィリンが4つ集まったテトラピロール環をもっているが、中心部分がそれぞれ、鉄とマグネシウムという違いがある。

　このクロロフィルに光があたると、ポルフィリンで光のエネルギーを吸収して、エネルギーの高い状態になり、周囲に電子を与えやすくなり、さまざまな化学反応を起こすエネルギーとなる。ここで、水と二酸化炭素が分解されて反応がおき、酸素と炭水化物ができる。クロロフィルの応用として、消臭・殺菌効果が知られている。また、このクロロフィルをビタミンCと組み合わせて、美白・美顔などの化粧品に使われている。

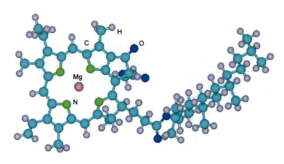

★　クロロフィルa（$MgC_{50}N_4H_{33}O_5$）の構造

第11章　生体関連物質

ハイドロキシアパタイト―歯や骨の成分

　われわれ人間の歯や骨の主な成分は、ハイドロキシアパタイトであり、組成は$Ca_{10}(PO_4)_6(OH)_2$である。歯の表面のエナメル質の97％、歯の内側の象牙質の70％が、ハイドロキシアパタイトである。主成分はリン酸カルシウムで、人間の生体、特に骨になじみやすいので、人工歯根、人工骨などに使われている。1974年にアメリカの航空宇宙局（NASA）が、歯科用のつめものとして特許を出した。それ以降、化学合成したハイドロキシアパタイトが、人間の人工の歯や骨に使われ始めた。今では、虫歯や病気や事故で、歯や骨を失った人に使われる。

　ハイドロキシアパタイトには、緻密なものや軽石のように穴がたくさんあいた構造もあり、実際の生体の骨の中に入れると、だんだんと本物の骨と結びついて一緒になる。他にもタンパク質を吸着するはたらきがあり、インフルエンウィルスなどのウィルス吸着用のフィルターや抗菌剤としてもつかわれる。身近なところでは、ナノ粒子のハイドロキシアパタイトを配合した歯磨き粉もあり、歯の表面のエナメル質が溶け始めた初期の虫歯であれば、エナメル質を埋めてくれる。また、歯垢の主成分であるタンパク質を吸着して落としてくれる。

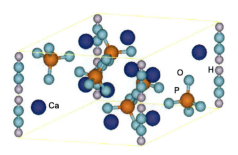

★　ハイドロキシアパタイトの構造

水から氷へ

　水は人間の体の源である。赤ちゃんは、体の8割、大人は6-7割、年とともに減ってきて、5割をきると生きるのが難しくなるという。命の源といってもいいだろう。水分子（H_2O）は、液体状態ではばらばらの状態である。H_2O分子において、水素（H）と酸素（O）が結合している角度は、104.45度である。これは、正四面体角の109.28度に近い角度である。酸素原子がマイナス、水素原子がプラスの電荷を帯びて分極し、電気的な偏り（極性）をもち、電気双極子を形成する。また、酸素原

129

子が2個の水素と共有結合して、あと2つ結合に使われていない孤立電子対があり、そこにほかの水分子の水素がひきつけられる。

　水の温度が0 ℃になると氷になり、水の分子が規則的に配列する。氷は六方晶構造であり、雪の結晶をみるとわかるように、六角形になっている。このときの水分子の配列を図に示す。酸素を中心として、正四面体方向に水素があり、水素原子は酸素の孤立電子対にひきつけられている。図のモデルの酸素原子の間には、水素原子が2個描いてあり、酸素の結合手が4本になっているが、これは平均的な構造モデルなので、実際はこの4本のうち2本が存在している。氷の構造をみると、酸素原子同士が離れていて、すきまが大きい結晶である。水はこれほどすきまがないので、氷は水よりも軽く、水に浮くのである。氷には、圧力をかけていくとさまざまな構造ができ、12種類ほどの構造が知られている。これらの氷は水に沈む氷である。地球の内部や木星より外側の惑星までいくと、このような氷が実際に存在する。

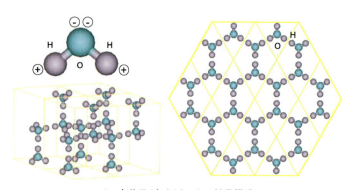

★ 水分子（左上）と、氷の結晶構造

● ガスハイドレート －燃える氷

　最近、新たなエネルギー源として注目されているハイドレートという物質がある。メタン分子を取り込んだ水分子をメタンハイドレートという。メタンだけでなく、窒素や酸素などさまざまなガスをとりこむ。基本は、水の分子がかご状にならんでいるもので、構造はクラスレートと同じようにいくつかの構造がある。このハイドレートの特徴は、低い温度か高い圧力のもとででき、大量のガスを貯蔵できるという点である。低い温度で高い圧力があるところはどこだろうか。そう、海の底である。また土星より外側の惑星などにも存在することがわかっている。

　メタンを含むメタンハイドレートが、日本の周囲の水深 500 m 以下の海の底に、大量にあることがわかったのである。約100年分はあると言われている。そのため石

油に代わる新たなエネルギー源として注目されている。見た目は氷にそっくりだが、火を近づけるとメタンだけが燃えて、水だけになってしまう。そのため、燃える氷とよばれている。

タクシーの燃料も天然ガスであるが、天然ガスの主成分はメタンである。だから、このメタンハイドレートをうまく利用してやれば、大量のガスをハイドレートに保存して運んだり、地球温暖化の原因となっている二酸化炭素などを取り込んで除去することもできる。

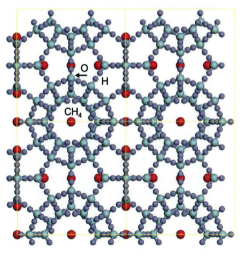

★ メタン分子内包ガスハイドレートの構造

コラム　水と医療

　ヨーロッパで盛んな医療のひとつとして、ホメオパシーというのがある。街中を歩いていると、結構ホメオパシーの薬局が目にとまる。このホメオパシーに関しては賛否両論だ。フランスのバンヴェニストは、4カ国、13人の科学者と協力して実験し、ホメオパシーの効果を示す論文を、1988年のネイチャーに発表した。

　ホメオパシーの原理は、同種の原理と希釈の原理である。熱が出たら、熱を出すような物質を選ぶ。そしてそれを水で振動させながら、どんどん希釈していく。あまりにも薄めすぎて、最後には、平均して一分子以下しかないという非常に薄まった薬ができる（というかほとんど水といっていい）。しかも薄くすればするほど効果があるというのである。一般に言われているのは、水になんらかの情報が転写されているというものである。

　もちろん通常の物質科学の考え方からは、とても受け入れられない。この論文もとんでもないという騒ぎになり、追試などが試みられたが、最終的にはネイチャーが、否定的な見解を出しているようである。しかし現在では、国際的 Journal を多数出版している Elsevier から Homeopathy という学術誌も出版され、JCR によるインパクトファクターも 1.16 である。

　さらに、多くの患者さんたちの病気が治っているのも事実で、これは単なる暗示効果として説明するのも難しい。さらに犬や猫、ねずみにまで効くというから、それなりの効果はあるのだろう。生命の源である水には、さまざまな話題がつきない。

コラム　人間のテレポーテーション

　二つの粒子が宇宙の端と端にはなれていても、お互いにつながっている双子のような不思議な関係が、量子もつれ（エンタングルメント）である。量子論で最も不思議でかつ面白い分野で、まだ原理が解明されていない分野である。量子もつれを外側から観測した瞬間に、この関係はくずれる。

　実際の量子テレポーテーションは、1998 年に光の情報を伝達することに成功して始まった。その後 2004 年には、原子数個の量子情報を、テレポートできるようにまでなった。量子テレポーテーションの応用は、膨大で複雑な計算をらくらくとこなす量子コンピュータや、絶対にやぶられない量子暗号通信などがあり、研究が進められている。

　それではさらに進んで、人間のテレポーテーションは、可能になるのだろうか。とりあえず原子の情報は送れるわけである。しかし問題は、情報を読み出した瞬間にオリジナルのデータが失われることにある。

　ファックスを考えてみよう。もとの紙に書かれた情報をファックスにいれて送ると、もとの紙は残るとともに、相手のほうにはそのコピーがでてくる。

　量子テレポーテーションの場合には、もとのデータを読み取った瞬間に、すべての情報は失われる。紙の情報で考えると、もとの紙の情報が全部なくなってしまい、炭素原子などがばらばらになって残るのだ。これを人間に当てはめて考えれば、人間の量子情報がすべて失われるので、あとにはばらばらになった原子の集団だけが残る。

　読み出した情報がきっちりと、向こう側に届いて、その情報をちゃんと原子に伝達できて、原子の集合体を再生できるかどうかである。かなり技術的にも難しそうである。

　またきっちり量子状態を再現したとしても、その原子の集合体は、生命、さらにはもとの人間と同じ心をもつのだろうか？

　人間の心が量子論ですべて説明できるのであれば、可能なのかもしれない‥。

コラム　アインシュタインの人生観

★ 私が知りたいのは、神がどうやってこの世界を創造したかということだ。私はあれこれの現象や元素のスペクトルなどに興味はない。私が知りたいのは神の思考であって、その他のことは些細なことである。

★ もしこの宇宙からすべての物質が消滅したら、時間と空間のみが残ると、かつては信じられていた。しかし、相対性理論によれば、時間と空間も、物質とともに消滅する。

★ 私達が体験しうる最も美しいものとは神秘である。これが真の芸術と科学の源となる。

★ すべての物理学の理論は、数式は別にして、「子供でさえも理解できるように」簡単に説明すべきである。

★ 私たちは、いつかは今より少しは物事を知っているようになるかもしれない。しかし、自然の真の本質を知ることは決してないだろう。

★ 私の残りの人生において、光が何であるかを熟考したい。

詳しく知りたい人のための参考図書（年代順）

ナノテクノロジー一般
- 日経サイエンス編集部、ここまで来たナノテク、別冊日経サイエンス 138 (2002).
- 松重和美 監修、辻野貴志、箕輪剛、岩田貴 著、CD-ROM・カラーCGで見るナノテクノロジーの世界、ナノテクノロジーの世界、数研出版 (2004).
- 光化学協会 (編集)、光化学の驚異、講談社ブルーバックス (2006).
- 太陽電池2013-2014、日経BP社、(2013).

量子と宇宙の世界
- 佐藤勝彦 著、「相対性理論」を楽しむ本、PHP文庫 (1998).
- 治部眞里 著、保江邦夫、脳と心の量子論、講談社ブルーバックス (1998).
- 佐藤勝彦 著、「量子論」を楽しむ本、PHP文庫 (2000).
- 高林武彦 著、保江邦夫 編、量子力学―観測と解釈問題、海鳴社、(2001).
- Henry P. Stapp著、Mind, Matter and Quantum Mechanics、Springer-Verlag (2003).
- 佐藤勝彦 編、時空の起源に迫る宇宙論 別冊日経サイエンス149 (2005).
- アインシュタイン150の言葉、Jerry Mayer、John P. Holms、ディスカヴァー21編集部 (1997).
- Henry P. Stapp著、Mindful Universe、Springer-Verlag (2007).
- コリン・ブルース 著、和田純夫 訳、量子力学の解釈問題、講談社ブルーバックス (2008).
- 奥健夫 著、光エネルギー科学、三恵社 (2016).

電子顕微鏡
- 進藤大輔、平賀賢二 著、材料評価のための高分解能電子顕微鏡法、共立出版、(1996).
- 坂公恭 著、結晶電子顕微鏡学、内田老鶴圃(1997).
- 日本表面科学会 編、透過電子顕微鏡、丸善、(1999).
- 今野豊彦 著、物質からの回折と結像、共立出版、(2003).
- 奥健夫 著、これならわかる電子顕微鏡―マテリアルサイエンスへの応用、化学同人 (2004).
- 奥健夫 著、固体物性概論、三恵社 (2017).

参考図書

ソフトウェアの理解
- 平山令明 著、実践量子化学入門―分子軌道法で化学反応が見える、講談社ブルーバックス (2002).
- 本間善夫、川端潤 著、パソコンで見る動く分子事典―分子の三次元構造が見える、講談社ブルーバックス (2007).

参考URLとデータベース

- フリー百科事典「ウィキペディア（Wikipedia）」 http://ja.wikipedia.org
- P. Villars Pearson's Handbook: Desk Edition : Crystallographic Data for Intermetallic Phases、ASM International Revised版 (1997).
- American Mineralogist Crystal Structure Database http://rruff.geo.arizona.edu/AMS/amcsd.php
- Mineralogy Database   http://webmineral.com/
- Crystallography Open Database   http://www.crystallography.net/cod/
- Protein Data Bank   http://www.rcsb.org/pdb/home/home.do
- Nucleic Acid Database   http://ndbserver.rutgers.edu/
- National Center for Biotechnology   http://www.ncbi.nlm.nih.gov/
- DNA Data Bank of Japan   https://www.ddbj.nig.ac.jp/index-e.html
- Inorganic Crystal Structure Database   http://www2.fiz-karlsruhe.de/icsd_home.html
- Cambridge Structural Database   http://www.ccdc.cam.ac.uk/products/csd/
- 日本結晶学会データベース
  http://www.crsj.jp/database/prefaceDatabase.html#structure
- 無機結晶データベース - DARTS at ISAS/JAXA
  http://www.darts.isas.jaxa.jp/planet/crystal/index.html.ja
- 無機材料データベース (AtomWork)   http://crystdb.nims.go.jp/
- Crystal Lattice-Structures
  https://homepage.univie.ac.at/michael.leitner/lattice/index.html
- Crystallographic and Crystallochemical Database for Minerals and their Structural Analogues   http://database.iem.ac.ru/mincryst/index.php
- Predicted Crystallography Open Database
  http://www.crystallography.net/pcod/index.html
- Theoretical Crystallography Open Database   http://www.crystallography.net/tcod/

さくいん

【あ】

アームチェア型	113
青色発光ダイオード	78
圧電素子	80, 90
アナターゼ	43
アモルファス	56, 106
アルミナ	89
アルミニウム	95
イオン半径	61
遺伝子	122, 123
移動度	76
イリジウム	98
医療	124
インターカレーション	85
宇宙観測	24
宇宙定数	25
永久電流	58
エネルギー	27
エネルギーギャップ	43, 54, 62, 70
エネルギー消費量	42
エネルギー変換効率	47
エネルギー密度	56, 92
エネルギーレベル	43
遠近法	17
遠紫外線	87
エンタングルメント	132
エントロピー増大	125
オイラーの法則	102
黄金比	120
黄銅	97

【か】

カーボンオニオン	106
カーボンナノチューブ	112
カーボンナノホーン	118
界面	65, 109
拡散	94
カイラル型	114
核スピン	40
核融合	26, 30, 53, 60, 96
核融合炉	60, 68, 70, 84
可視光	55, 73
ガスハイドレート	130
活性酸素	109
カップスタック型ナノチューブ	116
価電子帯	71
ガラス	91
ガリウムヒ素	76
環境浄化材料	44
干渉縞	37
間接遷移型半導体	74
観測問題	26, 28
貴金属	98
強磁性体	38, 97
凝集系核融合	53
共有結合	84
強誘電体	90
巨視的量子凝縮体	28
虚数時間	23
巨大磁気抵抗効果	98
金	94
銀	94
近似結晶	95
金属結合	94
金属-半導体界面	77
金属系超伝導	67
クーパー対	61
クローン・ブロッケード	76
クォーク	21
屈折率	36
クラスター	31, 48, 95
クラスター固体	50
クラスレート構造	68
グラファイト	56, 84
グリッドパリティ	42
クロロフィル	99, 128
軽合金	99
計算像	67
ケージ構造	68
結晶格子	15, 61
結晶粒界	94
ゲノム	123
ゲノム創薬	124
ゲルマニウム	75
原子	20

135

原子雲	106	周期表	8, 73, 105
原子核	29	重水素	54
原子座標	18	集積回路	73, 77, 94
原子内包フラーレン	103	重力定数	26
原子番号	32, 51, 67	触媒	43, 47, 82, 98
原子炉	26, 49, 53, 84	準結晶	95, 110, 120
コイル型ナノチューブ	116	ジョセフソン効果	65
高温超伝導	58	ジョセフソン素子	64
合金	95	シリコン	68, 71
光合成	99, 110, 128	シリコンクラスレート	68
抗酸化力	109	シリコンナイトライド	88
構造モデルデータ	13	ジルコニア	45
光速	26	心眼	104
光池	44	シングルエレクトロントランジスタ	76
高融点金属	99	シントロピー	126
呼吸	126	水晶	91
国際熱核融合実験炉	53, 70	水素吸蔵	54
固体クラスター	103	水素吸蔵合金	54
固体高分子	46	水素貯蔵材	110
固体電解質	46	スーパーアトム	104
小林・益川理論	21	スーパーケージ	48
コヒーレント	28, 39, 125	スーパー正20面体	52
コヒーレンス	22	ステレオ画像	16
コヒーレンス長	62	ステンレス	96
孤立五員環則	102	スピン	39, 61
孤立電子対	130	正四面体カーボンオニオン	107
孤立四員環則	106	正四面体凝縮	54
コンピューター	40, 45, 71, 77, 81	正10角形準結晶	95
【さ】		精神	127
酸化亜鉛	80	青銅	97
酸化アルミニウム	89	正二十面体構造	49
酸化チタン	43, 45	正20面体対称準結晶	95
酸化鉄	84	生物情報科学	124
三次元境界ホログラム	23	正方晶	61
三次元構造	33	生命体	124
三次元立体視	10	ゼオライト	47
酸素原子	66	積層構造	61
紫外線レーザー	80	セラミックス	84
時間	23, 26, 27	遷移元素	73, 159
色素増感太陽電池	42	全遺伝情報	123
磁気モーメント	38	相対性理論	27, 92
ジグザグ型	113, 114	ソーラーグランドプラン	42
自己組織配列	81	素粒子	21
磁石	96, 97	**【た】**	
磁性材料	38	ダークエネルギー	25
四面体位置	54	耐環境デバイス	79
周期配列	95	体心立方構造	96

136

ダイヤモンド	33, 73, 86
太陽光発電	42, 70
太陽電池	42, 55, 70, 109
多重双晶粒子	119
多層ナノチューブ	115
単一電子デバイス	76
単一分子デバイス	82
単位胞	15
炭化ケイ素	79
炭化タンタル	100
タングステン	100
炭素	84
炭素繊維	84
タンタル	100
タンタル酸リチウム	53
地球温暖化	70, 84, 109, 131
チタン	99
チタン酸バリウム	90
窒化ガリウム	79
窒化ケイ素	88
窒化炭素	89
窒化鉄	96
窒化ホウ素	86
中性子	20, 49
超弦理論	21
超伝導	58
超伝導ケーブル	70
超伝導酸化物	58
超伝導転移温度	58
超伝導電流	61
超伝導トランジスタ	64
直接遷移型	74, 106
直接遷移型半導体	74
テーラーメード医療	124
デオキシリボ核酸	122
鉄	96
テレポーテーション	132
展延性	94, 97
電荷移動	55
電荷分離	109
電気双極子	90, 129
電気抵抗	61, 77, 94
電気伝導	73, 93
電子	29
電子顕微鏡	31, 34, 95
電子顕微鏡写真	32
電子スピン	40
電子状態	18
伝導帯	55, 70
電力貯蔵	70
電力用パワーデバイス	79
銅	94
導電性ポリマー	81, 82
ドーピング	52, 71
ドデカヘドラン	103
トンネル効果	64
トンネルフォトン	125
【な】	
ナノホーン	118
ナノメートル	20
ナノ粒子	74, 75, 118
ナノワールド	22, 34, 82
ニオブ酸リチウム	36
二酸化ケイ素	91
二重らせん構造	100, 122
熱電材料	51
熱伝導	95
燃料電池	45, 98, 109
脳科学	40
【は】	
バイオインフォマティクス	124
パイ(π)電子	30, 81, 87
ハイドレート	130
ハイドロキシアパタイト	84, 129
波長	73, 74
八面体位置	54
白金	98
発光デバイス	78
パラジウム	54
バルクヘテロ接合	109
半導体	70
バンドギャップ	71
バンドル型ナノチューブ	115
反平行スピン	61
反粒子	24, 99
ピーポッド型ナノチューブ	40, 117
光エレクトロニクス	77
光触媒	43
光の屈折率	45, 85
光の波長	73
光の物質化	25
非局在性	26, 27, 28
ビッグバン	24
標準模型	21

137

表面構造	65	水分解	43
ファンデルワールス結合	84	水分子	125, 129
フェライト	38	ミューオン触媒核融合	53
フォトニックフラクタル	44	メタロフラーレン	104
フォトリフラクティブ効果	37	メタンハイドレート	130
フォトン	75	メンガーのスポンジ	45
フォノン	61	面心立方構造	54, 94
不確定性原理	26	【や】	
複雑系熱力学	125	有機系太陽電池	55, 109
物理定数	8	有機−無機ハイブリッド	55
負のエントロピー	125	誘電体	90
プラズマ核融合	53	ゆらぎ	23, 81
フラーレン	102	陽子	21
フラーレンケージ構造	103	葉緑素	128
フラクタル	45	【ら】	
ブラックホール	92	リチウムイオン電池	56
プラトン	31	立体の情報	37
プラトンの正多面体	31, 49	立方晶	56
プランク定数	25	立方晶窒化ホウ素	87
分子軌道計算	18	リニアモーターカー	60
分子ふるい効果	47	リボ核酸	123
ヘテロ接合	55	量子	26
ヘマタイト	39	量子井戸	74
ヘモグロビン	126	量子エンタングルメント	132
ペロブスカイト	55, 61, 90	量子構造	75
ペンローズパターン	120	量子コンピューター	40
変調構造	34	量子サイズ効果	74
ホウ素	49	量子重力理論	120
飽和磁化	97	量子状態	27, 39, 62, 132
ボース・アインシュタイン凝縮体	28	量子情報	40, 132
ホール	43, 62	量子閉じ込め効果	121
ポスト・コペンハーゲン解釈	28	量子ドット	40, 74, 76
蛍石	92	量子脳理論	125
ポリアセチレン	81	量子ビット	39
ポルフィリン	128	量子もつれ	39
ポルフィリン環	126	量子論	22
ホログラフィー技術	37	量子ワイヤ	74
ホログラフィック宇宙原理	23	菱面体晶	86
ホログラフィック原理	23	ルチル	43
ホログラフィックメモリ	36	励起子	109
ホログラム	37	レーザー	77, 86
【ま】		レプトン	21
マイスナー効果	58	六方晶型	86
マグネシウム	67, 99	六方最密構造	99
マグネタイト	39	ロボット	40, 90
マグヘマイト	39	【わ】	
水の電気分解	46	ワイドギャップ半導体	79, 114

138

英字牽引

Accelrys	11
B_{84} クラスター	50
B_{156} クラスター	52
bcc 構造	96
BCS 理論	60
BIOBIA	11
BN クラスター	105
BN ナノチューブ	114
BN ナノ物質	114
$CH_3NH_3PbI_3$	56
CP 対称性	24
C_{60}	102
Discovery Studio Visualizer	11
DNA	16
fcc 構造	54, 94
Ge ナノ粒子	75
H_2O	129
hcp 構造	99
MgB_2	68
MRI	60
pn 接合	71
RNA	123
SET	76
Si ナノ粒子	75
sp^2 結合	84
sp^3 結合	85
TiO_2	43, 55
Tl 系超伝導酸化物	62
ZSM-5	48

CD 収録物質一覧（略称名・総称含む）

Adenine、Al、Al_2O_3、AlN、Ag、AgCl、AgF、Ag_2SnO_3、Al、Al_4MnSi、Au、B、$B_{13}C_2$、$BaCO_3$、$BaTiO_3$、Be、Bi 系超伝導酸化物、BiTe、BN、BN クラスター・ナノチューブ、$CaTiO_3$、C_3N_4、C_{60}、C クラスター・ナノチューブ、CaC_6、$CaCO_3$、CaF_2、CeO_2、CdS、CdSe、$CH_3NH_3PbI_3$、CH_4、Chlorophyll、Co、Co_3O_4、CO_2、Cytosine、Cu、CuAu、$CuInS_2$、CuO、Cu_2O、CuPc、CuPd、CuSn、CuZn、Cu_2ZnSnS_4、Diamond、DMPS、DNA、Fe、FeB、FeN_x、FeO、Fe_2O_3、Fe_3O_4、Ga、GaAs、GaN、GaP、GaPc、Ge、GeO_2、Graphite、Guanine、H_2O、HfO_2、Hg 系超伝導酸化物、Hydrate、I、Ice、InAs、InN、InP、InSb、Ir、K、KOH、LaBaCuO、Li、$LiCoO_2$、LiOH、$LiNbO_3$、MEH-PPV、Mg、MgB_2、MgO、Mo、$N@C_{60}$、NaCl、Nb、Nb_3Ge、NbC、NbN、Nd、$Nd_2Fe_{14}B$、Ni、NiGe、P3HT、Oxyhaemoglobin、P、Pb、Pb 系超伝導酸化物、PbI_2、PbOx、PbTe、$PbTiO_3$、$PbZrO_3$、PCBM、Pd、PdD、PdH、Pd_3P、PeapodCNT、PMPS、Polyacetylene、Pt、RbC_{60}、$Sc_3@C_{82}$、Si、$Si@C_{74}$、SiC、Si_3N_4、SiO_2、SiPc、Si クラスレート、SnO_2、$SrTiO_3$、Ta、Ta_3N_5、TaC、TaN、Tc-CoPc、Thymine、Ti、TiC、TiN_x、TiO_2、Ts-CuPc、Sm_2CuO_4、TiO_2、Tl 系超伝導酸化物、W、WO_3、WSi_2、Y、YB_{56}、$YBa_2Cu_3O_7$、Zeolite、Zn、ZnO、ZnPc、ZnS、ZnTPP、Zr、ZrC、ZrO、ZrO_2、ZSM-5、

その他

5 回対称	50, 95, 118, 120
5 点星	120

著者紹介

奥　健夫　(おく たけお)

滋賀県立大学工学部材料科学科・教授。東北大学大学院工学研究科原子核工学専攻修了(工学博士)後、京都大学大学院工学研究科材料工学専攻・助手、スウェーデン・ルンド大学国立高分解能電子顕微鏡センター・博士研究員、大阪大学産業科学研究所・助教授、英国ケンブリッジ大学キャベンディッシュ研究所・客員研究員など。著書に『これならわかる電子顕微鏡』(化学同人)、『動かして実感できる三次元原子の世界』(工業調査会)、『成功法則は科学的に証明できるのか?』(総合法令出版)、『夢をかなえる人生と時間の法則』(PHP研究所)、『光エネルギー科学』『光量子物性概論』『三次元原子の世界』(三恵社)、『Structure Analysis of Advanced Nanomaterials』『Solar Cells and Energy Materials』(Walter De Gruyter)、訳書に『時間の波に乗る19の法則(アラン・ラーキン著)』(サンマーク出版)、監修に『こころの癒し』(出帆新社)他。

三次元原子宇宙

2018年3月30日　初版発行

著者　奥　健夫

定価(本体価格2,037円+税)

発行所　株式会社　三恵社
〒462-0056 愛知県名古屋市北区中丸町2-24-1
TEL 052 (915) 5211
FAX 052 (915) 5019
URL http://www.sankeisha.com

乱丁・落丁の場合はお取替えいたします。

Printed in Japan　©Takeo Oku 2018.
無断転載・複製を禁ず

ISBN978-4-86487-848-7 C3042 ¥2037E